THINK AND GROW RICH

思考致富 Napoleon Hill 典藏版

[美] 拿破仑·希尔◎著 曹爱菊◎译

中信出版集团 · CHINACITICPRESS · 北京

图书在版编目（CIP）数据

思考致富（典藏版）/（美）希尔著；曹爱菊译. —5版. —北京：中信出版社，2015.5（2025.12重印）
书名原文：Think and Grow Rich
ISBN 978-7-5086-5088-3
I. 思… II. ① 希… ② 曹… III. 成功心理—通俗读物 IV. B848.4-49
中国版本图书馆CIP数据核字（2015）第061604号

思考致富（典藏版）

著　　者：[美] 拿破仑·希尔
译　　者：曹爱菊
策划推广：中信出版社（China CITIC Press）
出版发行：中信出版集团股份有限公司
（北京市朝阳区东三环北路 27 号嘉铭中心　邮编　100020）
（CITIC Publishing Group）
承 印 者：北京通州皇家印刷厂

开　　本：880mm×1230mm　1/32　　印　　张：7　　字　　数：192千字
版　　次：2015年5月第5版　　印　　次：2025年12月第38次印刷
书　　号：ISBN 978-7-5086-5088-3/B·165
定　　价：28.00元

服务热线：010-84849555　服务传真：010-84849000
投稿邮箱：author@citicpub.com

THINK AND GROW RICH

目录

前　言 / V

第 1 章　心想才能事成 /1

第 2 章　欲望 /15

第 3 章　信心 /31

第 4 章　自我暗示 /49

第 5 章　专业知识 /57

第 6 章　想象力 /71

第 7 章　精心策划 /83

第 8 章　决心 /109

第 9 章　毅力 /121

第 10 章　智囊团的力量 /135

第 11 章　性欲转换的奥秘 /141

第 12 章　潜意识 /161

第 13 章　大脑 /167

第 14 章　第六感 /173

第 15 章　6 种恐惧 /181

THINK AND GROW RICH

前言

本书的每一章都提到了致富的秘诀。经过多年的分析，我发现这条秘诀已经使数百人获得了惊人的财富。

50多年前，安德鲁·卡内基引起了我对这个秘诀的注意。当我还是个孩子的时候，这位精明可爱的苏格兰老人悄悄地把这个秘诀植入了我的脑海。当时他靠在椅背上，用温和的目光认真地打量着我，看我能否领会他话语中的全部含义。

他看出我明白了他的意思，便问我是否愿意用20年甚至更长的时间，把这个秘诀传授给世人，让他们成功地度过一生。我说我愿意。之后，在卡内基先生的帮助下，我一直信守着自己的承诺。

本书中的秘诀接受了成千上万人的实践检验，实践对象几乎遍布各行各业。卡内基先生认为，那些无暇研究如何致富的人，也应该了解这个给他带来巨大财富的神奇秘诀。他希望我通过更多人的实践，检验并证明这个秘诀的可靠性。他认为，所有大学都应该讲授这个秘诀。他表示，如果讲授得法，它将给美国的教育制度带来一场革命，使学校的教育时间缩短一半以上。

在“信心”这一章中，你会读到一个令人惊讶的故事：庞大的美国钢铁公司的创建构想和实施竟然出自一个年轻人之手，而他正是卡内基先生秘诀的实践者之一。这个故事证明，卡内基先生的秘诀适用于任何准备接受它的人。这个秘诀的简单运用给查尔斯·施瓦布先生带来了巨大的财富和机会。粗略地估算，这个秘诀的应用创造了6亿美元的价值。

这些事实——认识卡内基先生的人几乎都知道这些事实——会明确告诉你这本书对你意味着什么，前提是，你要知道自己想要的是什么。

基于卡内基先生的设想，这个秘诀已被传授给数千人，并且使他们获得了个人利益。通过运用这个秘诀，有的人发了财，有的人拥有了和谐的家庭生活。一位牧师更是因充分运用了这个秘诀，获得了高达7.5万美元的年收入。

辛辛那提市的一位裁缝阿瑟·纳什，曾用他几近破产的生意作为验证这个秘诀的“小白鼠”，结果该秘诀不但使生意起死回生，还为业主带来了大笔财富。今天，虽然纳什先生早已不在人世，但他的生意依然蓬勃兴隆。这个实验非同寻常，各大媒体也给予了它极高的赞誉，相当于为其做了价值超过百万美元的广告。

得克萨斯州达拉斯市的斯图亚特·奥斯汀·威尔得知了这个秘诀，他对此非常认同，竟然为此放弃了原来的专业，改学法律。他成功了吗？本书也讲述了他的故事。

我曾经在拉萨尔函授大学（LaSalle Extension University）做广告部经理，那时这所大学还名不见经传。我有幸见证了J·G·卓别林校长成功地运用这个秘诀，从而使拉萨尔函授大学跻身美国优秀函授大学之列。

我所说的秘诀在本书中会被提到上百次。但我还未直接提及它的名称，因为只有将它呈现出来时，那些准备接受它并且正在寻觅它的人才能俯拾即得，为自己所用。正因为如此，当时卡内基先生不动声色地把这个秘诀传授给我，却没有说出其具体名称。

如果你准备让这个秘诀为你所用，那么你在每一章都会找到它。如果你想知道这个秘诀是什么，我很乐意告诉你，但这样会剥夺你用自己的方式去发现的乐趣。

如果你曾经灰心丧气，如果你有无法克服的思想障碍，如果你的努力换来的是失败，如果你正在忍受病痛的困扰，那么我儿子对卡内基秘诀的理解和运用，会让你发现你苦苦寻找的希望绿洲。

这个秘诀在“一战”中曾被伍德罗·威尔逊广泛应用。他将这个秘诀精心地隐藏在训练中，让每一个参战士兵在上前线前都接受了它的指导。威尔逊总统告诉我，在募集战争经费时，这个秘诀发挥了巨大的作用。

这个秘诀的特别之处在于，那些掌握它并使用它的人从此一路走向成功。如果你还有所怀疑，可以研究那些我提到的用过此秘诀的人，这些例子都能验证这条真理。你可以亲自查询他们的记录，然后就会心悦诚服。

当然，世上没有免费的午餐！

如果不付出相应的代价，就无法得到我所说的秘诀，但是这个代价绝对物超所值。无意寻找它的人，付出的代价再大，也得不到它。它无法靠馈赠得来，也非金钱所能买到，因为它包含了两个部分——那些准备接受它的人已经拥有了其中的一个部分。

这个秘诀对那些准备接受它的人来说，效力均等，受教育程度与此无关。在我出生前很久，这个秘诀就已经为托马斯·爱迪生所用了。虽然只受过三个月的学校教育，但他巧妙地应用了这个秘诀，成为著名的发明家。

爱迪生的事业伙伴埃德温·巴恩斯也得到了这个秘诀。当时他的年收入只有1.2万美元，但成功运用此秘诀后，他赚得了大笔财富，并在壮年之际就功成身退。本书第1章就讲述了他的故事。它会告诉你，财富并非遥不可及，你可以梦想成真。只要你愿意而且有决心，那么金钱、名誉、地位和幸福，你都能得到。

我是怎么知道这些的呢？读完本书前，你就会知道答案。对你来说，答案可能在第1章，也可能在结尾。

应卡内基先生的要求，我做了20年研究，分析了数百位知名人士的成功经验。他们中的很多人都承认，在卡内基秘诀的指导下，他们积累了巨大财富。这些人包括：

亨利·福特（Henry Ford）

哈里斯·F·威廉斯（Harris F. Williams）

小威廉·里格利（William Wrigley Jr.）

弗兰克·冈萨拉斯博士（Dr. Frank Gunsaulus）

约翰·沃纳梅克（John Wanamaker）

丹尼尔·威拉德（Daniel Willard）

詹姆斯·J·希尔（James J. Hill）

金·吉列（King Gillette）

乔治·S·派克（George S. Parker）

拉尔夫·A·威克斯（Ralph A. Weeks）

E·M·斯塔特勒（E. M. Statler）

丹尼尔·T·莱特法官（Judge Daniel T. Wright）

亨利·L·多尔蒂（Henry L. Doherty）

约翰·D·洛克菲勒（John D. Rockefeller）

赛勒斯·H·K·柯蒂斯（Cyrus H. K. Curtis）

托马斯·A·爱迪生（Thomas A. Edison）

乔治·伊斯特曼（George Eastman）

弗兰克·A·范德利普（Frank A. Vanderlip）

查尔斯·M·施瓦布（Charles M. Schwab）

F·W·伍尔沃斯（F. W. Woolworth）

西奥多·罗斯福（Theodore Roosevelt）

罗伯特·A·多拉尔上校（Col. Robert A. Dollar）

约翰·W·戴维斯（John W. Davis）

爱德华·A·法林（Edward A. Filene）

艾伯特·哈伯德（Elbert Hubbard）

阿瑟·纳什（Arthur Nash）

威尔伯·赖特（Wilbur Wright）

克拉伦斯·达罗（Clarence Darrow）

威廉·詹宁斯·布莱恩（William Jennings Bryan）

戴维·斯达·乔丹博士（Dr. David Starr Jordan）

威廉·霍华德·塔夫特（William Howard Taft）

斯图亚特·奥斯汀·威尔（Stuart Austin Wier）

J·奥杰恩·阿穆尔（J. Odgen Armour）

伍德罗·威尔逊（Woodrow Wilson）

朱利叶斯·罗森沃尔德（Julius Rosenwald）

阿瑟·布里斯班（Arthur Brisbane）

卢瑟 · 伯班克（Luther Burbank）

弗兰克 · 克兰博士（Dr. Frank Crane）

爱德华 · W · 博克（Edward W. Bok）

弗兰克 · A · 芒西（Frank A. Munsey）

乔治 · M · 亚历山大（George M. Alexander）

埃尔伯特 · H · 加里（Elbert H. Gary）

J · G · 卓别林（J. G. Chapline）

约翰 · 佩特森（John H. Patterson）

参议员詹宁斯 · 伦道夫（U.S. Sen. Jennings Randolph）

亚历山大 · 格雷厄姆 · 贝尔博士（Dr. Alexander Graham Bell）

埃德温 · C · 巴恩斯（Edwin C. Barnes）

这些名字只是数百位美国知名人士中的一小部分。无论他们在个人财富上还是在其他方面取得的成就都证明，对卡内基秘诀的理解和运用帮助他们到达了生活的巅峰。我从未听说过有人受到这个秘诀的点拨并运用了这个秘诀，却未能在自己选定的行业里取得任何令人瞩目的成就；我也从未见过什么人不运用这个秘诀就能出人头地，或累积到什么财富。从以上两个事实可以得出结论：作为想成就大事的人必须掌握的知识，这个秘诀将胜过人们通常所说的“教育”。

那么，什么是教育呢？本书做出了详细解答。

如果你已经做好准备，那么我所说的这则秘诀就会跃然纸上，映入你的脑海！那时，你就会真正地认识它。无论是在哪一章，只要它出现在你的眼前，你就应停下来，因为这一时刻是你人生中的重大转折点。

阅读的时候，你还要记住，本书所说的都是事实，而非虚构，其目的是为那些准备接受它的人提供一条放诸四海而皆准的真理，让他们知道该做什么、如何去做。你还会从书中得到激励，从而开始自己的行动。

在你开始读第1章之前，我想提一个小小的建议，作为你寻找卡内基秘诀的线索。我的建议是：所有的成就、所有的财富，都有其意念的源泉！如果你准备去寻找它，那么你已经拥有了这个秘诀的一半。因此，另一半一旦出现在你的面前，你就会立即认出它来。

THINK AND
GROW
RICH

第1章 心想才能事成

靠“意念”成为爱迪生事业伙伴的人

心想才能事成，这是千真万确的。当这种意念与特定的目的、毅力、获得财富或其他物质目标的强烈欲望融为一体时，它的力量是无比强大的。

多年以前，埃德温·巴恩斯发现，思考致富是一条不容置疑的真理。他的发现并非凭空产生，而是源自他想成为伟大发明家爱迪生的事业伙伴的强烈欲望，然后逐渐得来。

巴恩斯的欲望有一个主要特征，就是坚定不移。他想和爱迪生共事，而不是为他工作。如果仔细观察他将欲望变成现实的过程，你会更好地理解他的致富原则。

当这种欲望或者思想冲动第一次出现在他的脑海中时，他还不具备实现这个欲望的条件。摆在他面前的是两大难题：不认识爱迪生，也没有足够的钱乘火车去新泽西州的奥兰治。

这些困难足以让很多人退却，从而放弃这种奢望，但是巴恩斯的欲望却非同寻常！

发明家与“流浪汉”

之后，他来到爱迪生的实验室，宣称要与这位发明家共事。多年以后，谈到与巴恩斯的第一次见面时，爱迪生说：

> 他站在我面前，和一个普通的流浪汉没有什么两

> 样，但是他的脸上透出一种神情，让人觉得他有一种追求目标的执着。从多年与人交往的经验中我知道，如果一个人真想得到一件东西，愿意用整个未来作为赌注，那么他一定会得到。我给了他这个机会，因为我看出他已经下定决心，不达目的绝不放弃。事后证明果然如此。

他能在爱迪生的办公室开始自己的事业，并不是靠一个年轻人的莽撞，因为那恰恰是他的弱势。起关键作用的，是他的意念。

第一次见面，巴恩斯并没有立即成为爱迪生的事业伙伴。他只获准在爱迪生的办公室工作，而且薪水微薄。

几个月过去了。表面上看，巴恩斯并没有朝心中确立的远大目标更进一步，但他的头脑中正在发生一个重大变化，他想成为爱迪生事业伙伴的欲望正在日益强烈。

心理学家说得对：“**如果一个人真想做一件事，那他一定会做成。**”巴恩斯已经准备去做爱迪生的事业伙伴，而且他有不达目的誓不罢休的决心。

他没有对自己说：“干这个有什么意思？还不如换个推销员的工作。”相反，他对自己说：“我到这儿来，就是要与爱迪生共事。我一定要实现这个愿望，即使让我用一生来追求，我也愿意。”他说到做到。如果一个人确立了明确的目标，并且矢志不渝地去追求，就会创造出与众不同的人生。

也许，年轻的巴恩斯当时并没有意识到这一点，但是他那种坚定不移的决心和实现梦想的执着与毅力，注定会帮助他排除万难，获得梦寐以求的机会。

机会的狡猾伪装

当机会来临时，它的出现形式和背景是巴恩斯未曾想到的。这就是机会的狡猾之处。它习惯从后门溜进来，而且常常以“不幸”或“暂时的挫折”作为伪装。也许正因为如此，许多人才看不出什么是机会。

爱迪生当时刚刚完善了一项办公室设备的新发明，叫作“爱迪生口授机”。他的推销人员对这种机器并没有热情，他们认为不下大力气根本卖不出去。巴恩斯看到自己的机会来了。这个机会悄无声息、以一种外观奇特的机器的形式出现，而除了巴恩斯和它的发明者之外，没有人对它感兴趣。

巴恩斯知道自己能卖出这种爱迪生口授机。他向爱迪生提出了自己的想法，并立即得到了机会。之后，他果真卖出了机器。实际上，他做得非常成功，于是爱迪生和他签订了合同，让他在全美营销。通过与爱迪生的事业合作，巴恩斯发了财，不过他成功的意义并不局限于此，他向世人证明了一点：一个人真的可以“思考致富”。

巴恩斯最初的梦想对他来说究竟值多少钱，我无从得知。也许他获得了两三百万美元的收益，但与他获得的知识财富相比，金钱的数额有多大已经不重要了。这种知识财富就是：运用已知的原则和无形的意念，能够获得物质上的回报。

巴恩斯就是凭借自己的意念与伟大的爱迪生结成事业伙伴的，而且凭借意念致富。除了知道自己想得到什么和不达目的不罢休的意志外，他可以说得上是白手起家。

功亏一篑

导致失败的最常见原因之一是，人们往往在暂时的挫折面前退却。每个人都会或多或少地犯这个错误。

例如达比的叔叔，在淘金热时期也曾到西部淘金，希望能发财。他不知道，更多的黄金来自大脑这个矿藏，而不是来自地下。他圈出一块地，拿起锄头和铁铲就开始埋头苦挖。

辛苦挖掘了几周后，他终于看到了闪闪发光的矿石。但是他缺少将矿石运出地面的器械，于是他悄悄地把矿藏掩盖起来，按原路回到了马里兰州的威廉斯堡。他把这个重大发现告诉了亲友和一些邻居。他们凑足了钱，买了需要的器械并运到西部。达比和叔叔则回到了矿区继续挖掘。

第一车矿石挖掘出来，运到了一个冶炼厂。结果证明，他们找到的矿区是科罗拉多州最丰富的矿藏之一。再有几车矿石就能还清他们欠下的债务，然后就可以等着大笔财富滚滚而来了。

矿井越挖越深，达比和叔叔寄予的希望也越来越大。然而，新情况出现了。金矿的脉络消失了！他们的希望落空了，聚宝盆已不复存在。他们继续拼命挖掘，试图重新找到金矿，结果徒劳无获。

最终，他们决定放弃。

他们把器械卖给一个旧货商，只卖得了几百美元，然后乘火车回了家。那个旧货商找来一位采掘工程师察看矿区，并进行了估算。工程师认为矿主的采掘之所以没有成功，是因为他不懂什么是“断层线”。他的估算表明，再挖 3 英尺[①]，达比和叔叔就能

---

① 1英尺≈0.305米。——编者注

重新找到金矿的脉络。实际上，金矿就在 3 英尺之下！

那位旧货商赚了数百万美元，因为他懂得在放弃之前先咨询专家的意见。

坚持就是胜利

很久之后，当达比先生发现欲望可以变成黄金时，他终于弥补了损失，并赚回了几倍的收益。这一发现是在他开始推销寿险后获得的。

达比时刻牢记自己在距离黄金只有 3 英尺的地方停止了努力，因而失去了巨额财富的教训。他对自己说："我在离黄金还有3英尺的时候停止了努力，但如果我向客户推销寿险时遭到拒绝，我绝不会放弃。"这一教训让他在后来自己选定的事业中受益匪浅。

达比成了少数几个每年卖出寿险超过百万美元的人之一。他将自己这种持之以恒的精神归功于在金矿开采事业中得到的教训。

任何人在取得成功之前，必然要遇到很多暂时的挫折甚至失败。如果一个人遭遇了失败，那么最容易也最顺理成章的做法就是放弃。大多数人正是这样做的。

全美500位最成功人士的经验告诉作者，**他们最伟大的成功在于，面临失败时能坚持再迈出一步**。失败是一个骗子，它对我们尖刻而狡猾，喜欢当胜利近在咫尺时将我们绊倒。

50 美分的故事

达比从"挫折大学"毕业后，决心从采掘金矿的失败中吸取教训。不久后，他就有幸得到机会，证明“不”并不一定意味着不可能。

一天下午，达比在一座老式磨坊里帮叔叔磨面。叔叔经营的大农场上住着很多租田的黑人农民。这时候，门轻轻地被打开了，是一个黑人佃农的女儿。她走进来，站在门边。

叔叔抬起头，看着那个孩子，然后大声地喊道：“什么事？”

那个孩子怯生生地答道：“妈妈说她要50美分。”

“我没有，”叔叔说，“回家去吧。”

“是，先生。”那个孩子答道，但她站在那儿没动。

叔叔继续忙着手上的活，根本没注意到那个孩子没有走。当他抬头看到她还站在那儿时，就冲她吼道：“我说过让你回家！快走，要不然我拿鞭子抽你。”

小女孩说：“是，先生。”但她还是一动也没动。

叔叔放下一袋正准备倒入磨面机的粮食，拿起一根木棍，满脸怒气地朝小姑娘走过去。

达比屏住了呼吸。他敢肯定自己就要亲眼看到一顿痛打了，因为叔叔的脾气非常暴躁。当叔叔走近小女孩时，她快速地向前跨出一步，抬头望着他的眼睛，尖声说：“我妈妈就要那50美分！”

叔叔停下来，看了她一会儿，然后慢慢放下棍子，把手伸进口袋，拿出50美分，给了她。

那个孩子拿着钱，缓慢地退回门边，目不转睛地盯着那个刚刚被她征服的人。她走后，叔叔坐在一个木箱上，两眼呆呆地望着窗外，就这样过了10多分钟。他怀着敬畏的心情回想着刚才发生的事。

达比当时也在思考。这是他有生以来第一次看到一个黑人小孩沉着冷静地征服了一个成年白人。她是怎样征服他的？是什么让他的叔叔消除了怒气，变得像鸽子一样温顺？这个孩子用什么神奇的力量控制了当时的情形？这些问题在达比的脑海中闪过，但是直到多年后他向我讲述这个故事时，才找到答案。

非常巧合，我听到这个不同寻常的故事时，正是在那个老磨坊里，就是达比的叔叔被小女孩征服的地方。

坚持的神奇力量

我们站在那间发霉的老磨坊里，达比先生又一次讲起了那次特殊的经历。最后他问："你明白这是怎么回事吗？那个孩子用了什么神奇的力量，彻底地打败了我叔叔？"

这个问题的答案就在本书写到的原则中——答案详尽而完整，其中既有细节，也有指示，可以让每个人理解并运用那个孩子在无意中得到的那种力量。

只要注意观察，你就会发现帮助那个孩子取得胜利的神奇力量。在下一章中，你会认识这种力量。你会有所顿悟，从而加快你接受的速度，并且让这种不可抵御的力量为你所用。它的出现形式可能是一个想法、一个计划，或是一个目的。重申一下，它可能让你想起过去遭遇的挫折或失败，悟出某个教训，从而重新得到在失败中损失的一切。

当我把那个黑人小孩不经意间使用的力量讲给达比先生听时，他马上想起30年来做寿险推销员的经历。他坦言，自己在这一领域的成功，很大程度上都归功于从那个孩子身上学到的经验。

达比先生指出："每次客户想拒绝我时，我都好像看到那个孩子站在那间老磨坊里，大眼睛里闪耀着不屈不挠的光芒。于是，我就对自己说：'我就要卖出这份保险。'我很多次卖出保险都是在人们说过‘不’之后。”

他还回忆起自己开采金矿时功亏一篑的错误。他说：“那次经历是塞翁失马。它告诉我，**不管一件事有多困难，都要坚持做下去**。懂得了这个道理，就没有做不成的事。”

很多从事寿险推销的人都会读到达比和他的叔叔以及小女孩和金矿的故事，我想对他们说，正是由于这两次经历，达比才能每年卖出100多万美元的寿险。

达比的经历既普通又简单，但是两次经历中蕴含着有关人生目标的答案。因而，这两次经历对他而言，和生命本身一样重要。他之所以能从这两次不寻常的经历中受益，是因为他能对经历加以总结，从中吸取了教训。但是，如果一个人既没有时间，也无意在追求知识的过程中从失败中学习，那么他如何能取得成功呢？

本书对这些问题都做了回答。

只需一个正确观念

答案就在我将讲到的13项原则里。不过请记住，阅读的时候，你思考的有关生活的问题的答案，可能就在你的脑海里，它可能就是阅读过程中闪现在你脑海里的某种观念、计划或目的。

要取得成功，你必须有一个正确的观念。本书阐述的原则包含了产生有效观念的方法和途径。

讲到这些原则之前，我们认为你应该看看以下这个重要的提示：

财富到来得如此之快、如此之多，不禁使人怀疑，过去那些一贫如洗的日子里，它们都躲到哪里去了。

这个说法让人惊诧，尤其是想到人们常说的只有努力工作、持之以恒的人才能致富时，就更让人感到诧异。

开始用思考的方法致富时，你会发现，致富的开始是一种心态，它只需一个明确的目标，而无须辛苦的工作。所有的人一定都想知道，如何才能拥有吸引财富的心态。我花了25年来研究这一点，因为我也想知道“富人是如何发财的”。

掌握了这一理念的原则后，仔细观察，并且开始按照要求运用这些原则，你的经济状况就会改善，你所做的一切就会朝着有利于你的方向发展。不可能吗？完全可能。

人性的主要弱点之一就是经常说“不可能”这三个字。人知道哪些法则不奏效，也知道哪些事情做不到。本书就是写给那些寻求他人成功法则并愿意不惜一切去实践那些法则的人。

成功钟情于那些有成功意识的人。

失败钟情于那些放任自己而产生失败意识的人。

本书的目的就是要帮助所有寻求改变，希望将失败意识扭转为成功意识的人。

人性的另一个弱点，就是习惯用自己的印象和观念评价所有的事、所有的人。读到这里，有的人会认为自己无法实现思考致富，因为他们认为自己的思维习惯已经淹没在贫穷、不幸、失败和挫折中。

这些不幸的人让我想起一位到美国接受美式教育的中国人，当时他在芝加哥大学求学。有一天，哈珀校长在校园里遇到这个年轻的东方人，停下来和他闲谈了几分钟。校长问他，美国人给他留下的最深刻的印象是什么。这个学生答道：“嗯，是你们的偏见。你们总是斜着眼睛看人！”

对这位中国人的这种看法，我们该做何反应？

我们不愿承认自己不懂的事物。我们愚蠢地认为，自己的局限都是合情合理的。当然，别人的眼睛也有偏差，因为他们也和我们不同。

“不可能”成功的福特V-8

当亨利·福特决定制造著名的V-8汽车时，他打算造一个内置8个汽缸的引擎，并让工程师进行设计。但是，设计图绘制出来后，工程师们一致认为不可能在一个引擎内放置8个汽缸。

福特说：“无论如何，要想办法造出来！”他们答道：“可是这不可能！”“尽管去做，”福特命令他们，“不管花多少时间，一定要做出来。”工程师们只好继续研究。对他们来说，如果还想在福特公司干下去，就别无选择。6个月过去了，毫无进展。又过了6个月，还是毫无进展。工程师们尝试了能够想到的每一种方案，但就是不行，也就是说“不可能”。

到了年底，福特来检查工作，他们还是告诉他，根本无法完成他的命令。“接着做，”福特说，“我想要这样的引擎，我一定要拥有它。”于是他们继续工作，不久便出现了奇迹，他们终于发现了奥秘。福特的决心再一次使他取得了成功！

这个故事的细节不够详尽，但其大意和精髓已经呈现出来。希望思考致富的人，不难从这个故事中发现福特成为百万富翁的秘密。

亨利·福特获得了成功，因为他懂得运用成功的原则。原则之一就是欲望：知道自己想要的是什么。读本书的时候，记住这个故事，找出描述福特取得巨大成就的词句。如果能够做到这一点，你就能够领会使福特致富的具体原则，这样你就能在任何适合你的职业中，取得与他同等的成就。

为什么你是自己命运的主宰者

当亨利（Henley）写下“我是自己命运的主宰者，是自己灵魂的统帅”时，他应该告诉我们，**我们是自己命运的主宰者**，是自己灵魂的统帅，因为我们有能力控制自己的思想。

他应该告诉我们，支配行为的意念让大脑发生“磁化”，这些“磁石”以一种不为我们所知的方式将我们引向与自己的意念一致的力量、群体和环境。

他应该告诉我们，在积累大笔财富之前，必须用取得财富的强烈欲望“磁化”我们的头脑，必须用“金钱意识”武装自己，直到对金钱的欲望驱使我们制订出取得金钱的明确计划。

但是亨利是个诗人，不是哲学家，所以他只是在诗句之间表达了一个伟大的真理，诗中的哲理则留给后人去体会。

慢慢地，真理自己呈现出来。现在我可以确定地说，本书描写的原则蕴含着掌握我们经济命运的秘密。

改变命运的原则

让我们看一看其中的第一个原则。读本书的时候，要保持虚心好学的心态，并且记住，这些原则不是某一个人的发明。这些原则已经在很多人身上应验，你也可以让它们为你所用，让你长期受益。

你会发现，做到这一点很容易，根本不难。

几年前，我在西弗吉尼亚州塞勒姆市塞勒姆州立学院的毕业典礼上讲话时，重点强调了这一原则的重要性（第2章将讨论这一原则）。当时毕业班上的一名学生决心运用这一原则，并使它成为自己人生哲学的一部分。这个年轻人后来成了国会议员，是富兰克林·罗斯福政府中的重要人物。他后来给我写来一封信，信中明确表达了他对第2章所述原则的看法。我把这封信附在下面，作为第2章的引言。

亲爱的拿破仑：

担任国会议员的工作让我有机会发现普通人存在的问题，所以我想写信提出一点建议，帮助那些应该得到帮助的千千万万的人。

1922年，您在塞勒姆州立学院毕业典礼上发表过演讲，当时我正是一名毕业生。在演讲中，您将一个观念植入我的脑海，让我有机会从事为国民服务的事业。如果未来我取得任何成就，都将在很大程度上归功于这一观念。

回想起来，那一幕仿佛就在昨天。您生动地讲述了亨利·福特的故事。他没受过正规教育，没有钱，也没有有权势的朋友，却达到了事业巅峰。在您的演讲还未结束的时候，我就下定决心，无论跨越多少艰难险阻，都要闯出自己的一片天地。

成千上万的年轻人将在今年和今后几年离开学校。就像我从您那儿得到的帮助一样，他们也需要得到一种切合实际的鼓励。他们不知道下一步走向何处，该做些什么，如何开始今后的生活。您可以告诉他们答案，因为您已经帮助不计其数的人解决了这些问题。

今天在美国，有数不清的人想知道如何将理念变成金钱，而且他们都是白手起家，没有经济基础。如果说有人能帮助他们，那么此人非您莫属。

如果您会出版此书，那么我很想在出版后就立即得到一本有您亲笔签名的书。

此致

诚挚的祝福

詹宁斯·伦道夫

那次演讲35年后，也就是1957年，我怀着愉快的心情又一次来到塞勒姆州立学院，在毕业典礼上致辞。那一次，我被授予荣誉文学博士学位。

自从1922年那次演讲之后，我目睹詹宁斯·伦道夫成长为一名国内一流航空公司的高级经理人，一位极具鼓舞力的伟大演说家和国会议员。

THINK AND GROW RICH

第2章 欲望

一切成就的起点——致富第一步

50多年前，当埃德温·巴恩斯在新泽西州的奥兰治跳下货运火车时，就像个流浪汉，但他却有着国王般的宏图大志！

他沿着铁轨步行前往爱迪生的办公室。一路上，他的脑子一直在思考。他要站在爱迪生面前，请求爱迪生给他一个机会，让他实现那个他为之魂牵梦绕的强烈欲望——成为那位伟大发明家的事业伙伴。

巴恩斯的欲望不是一种希望，也不是一种愿望，而是一种热切的激动人心的欲望。这种欲望的力量超过了一切，清晰而明确。

几年后，巴恩斯再一次站在了爱迪生面前，并且第一次身处这位大发明家的办公室。这一次，他的欲望变成了现实。他和爱迪生开始共事，一生的梦想终于实现了。

巴恩斯之所以成功，是因为他明确了的目标，并为实现这一目标倾其所有，不遗余力。

巴恩斯追寻的机会过了5年之后才出现。除了他自己，对任何人来说，他不过是爱迪生事业车轮上的一个齿轮，但在他的心目中，从他和爱迪生一起工作的那一天起，每时每刻他都是爱迪生的事业伙伴。

这个例子有力地证明了，一个明确的欲望有着无穷的力量。巴恩斯实现了目标，因为他想成为爱迪生事业伙伴的欲望胜过了一切。他制订了达到目标的计划，同时破釜沉舟，切断了所有退路。他的欲望从未减弱过，直到这种欲望变成一生的执着追求，最终成为现实。

他去奥兰治的时候，并没有想："我要说服爱迪生给我一份工作。"他想的是："我要见到爱迪生，让他知道，我想成为他的事业伙伴。"

他没有想如果不能和爱迪生共事，他还可以考虑别的机会。他想的是："在这个世界上，我只想做一件事，那就是成为爱迪生的事业伙伴。我要破釜沉舟，用一生作为赌注，去实现这个目标。"

他没有给自己留下任何退路，要么成功，要么就是死路一条。

这就是巴恩斯成功的秘诀！

破釜沉舟的人

很久以前，一位伟大的战士面临的形势使他做出了一个决策，而这个决策确保了战事的胜利。他要指挥军队与敌人作战，而敌人在人数上占优势。他让士兵上了船，然后驶入敌国。士兵们下了船，卸下装备，然后他下令将来时乘坐的船只烧毁。在第一次战役打响前，他对士兵们说："你们看到了，船只已经被烧毁。如果不打胜仗，我们就休想活着离开这里！现在我们已经没有退路——要么取胜，要么灭亡。"

结果他们胜利了。

每个想取得成功的人都必须甘愿破釜沉舟，切断退路。只有这样，才能保持一种强烈的求胜心态，而这正是成功的根本。

燃烧的欲望

芝加哥大火发生后的第二天早晨，一群商人站在斯泰特街，看着眼前仍在冒烟的灰烬，那里曾是他们原来的店铺。他们开会决定是重建，还是离开芝加哥到更有前途的地方另起炉灶。最后，他们决定离开芝加哥，只有一个人除外。

决定留下重建的商人指着自己店铺的遗迹说："先生们，我要在这个地方建立世界上最兴隆的商店，不管再发生多少次火灾，都不能动摇我的决心。"

那已经是近100年前的事了。他的商店开业了，而且至今仍在那里，它像一座纪念碑，象征着一种心态，那就是燃烧的欲望。对马歇尔·菲尔德（Marshall Field）来说，最容易做到的，可能就是和他的商人朋友一样，离开那里。当处境艰难、未来暗淡时，那些商人选择了更容易的道路。

要记住马歇尔·菲尔德与其他商人之间的不同，因为这个不同决定了他们未来的成败。

每个人到了明白金钱的重要性的年龄，都希望得到财富。虽然愿望不能带来财富，但是如果你怀有一种欲望，并把对财富的欲望变成一种执着的追求，制定取得财富的明确方法和途径，并以不达目的绝不罢休的毅力为后盾，就一定能够成功。

欲望变黄金的6个步骤

把追求财富的欲望变成金钱的方法，包括以下6个明确、实际的步骤：

第一，在心中确定你想得到金钱的准确数目。只对自己说"我想要好多好多钱"还不够，要说出一个确切的数字。（这种确定性有其心理学上的道理，下一章将对此加以讨论。）

第二，明确自己能付出多大努力，去换取想要的财富。（天下没有免费的午餐。）

第三，确定得到梦想中金钱数目的日期。

第四，制订一个实现梦想的明确计划，然后立刻开始执行。

第五，列一份清晰、具体的清单，写下你想得到的金钱数额、得到这笔钱的最后期限、需要付出的代价，以及积累这笔财富的明确计划。

第六，每天把这份清单读两遍，睡觉前读一遍，早晨起来读一遍。读的时候，要让自己看到、感觉到并且相信自己已经拥有了那笔财富。

按照以上6个步骤行动非常重要，其中第6个步骤尤其重要。你可能会抱怨“根本想象不出自己已经有了钱的感觉”，但如果你真有得到钱的欲望，它是你挥之不去的梦想，那么你就会真的相信自己能够拥有那样的财富。这样做的目的是让你感觉到你想得到钱，让你坚信自己一定会心想事成。

把自己想象成百万富翁

对于那些尚未入门的人，那些不了解人类内心活动原理的人，这些做法也许看似不切实际。不过，如果告诉那些认识不到这6个步骤重要性的人，这6个步骤来自安德鲁·卡内基，或许会对他们有所帮助。因为卡内基本人尽管出身贫贱，曾是钢铁厂的一名普通劳动者，但他正是利用这些原理，为自己创造了百万美元以上的财富。

如果告诉他们，在此提出的6个步骤曾接受过爱迪生的悉心检验，那么他们便会更受启发。爱迪生认为，这6个步骤不仅是积累财富的必经之路，同样也适用于任何目标的实现。

这些步骤不需要付出“艰苦劳动”，不需要做出牺牲，也不会让你显得荒唐可笑、妄自尊大。但是成功地运用这6个步骤，需要足够的想象力，让你明白，金钱的积累不能靠偶然和运气。一个人必须认识到，若要得到巨大的财富，必须首先拥有梦想、希望、愿望、欲望和计划。

读到这里，你一定明白了，如果没有对金钱的强烈欲望，并且真正相信自己能够拥有财富，那么你永远不会得到它。

伟大梦想的力量

一心追逐财富的我们应该知道，这个变化的世界需要新的思想、新的行为方式、新的领导者、新的发明、新的教学方法、新的营销方法、新的书籍、新的文学、新的电视特色和电影创意。要得到更新更好的事物，有一个必要条件，那就是**明确的目的**，也就是知道自己想要什么，以及得到它的炽热**欲望**。

渴望积累财富的我们应该记住，世界的真正领导者是这样一些人，他们能够发现尚未出现的机会中蕴藏的无形力量，并将其运用于实践，把这种力量（或者说这种意念的冲动）转化为摩天大楼、城市、工厂、机场、汽车以及给人们提供方便、使生活更美好的任何形式。

如果你打算得到一份属于自己的财富，就不要受任何人的影响去嘲笑梦想家。要在这个变化的世界里成为大赢家，你必须学习过去那些伟大开拓者的精神。他们的梦想赋予文明应有的价值，他们的精神是国家的生命血液。有了这种精神，我们才能有机会发掘、展示我们的才能。

如果你想做的事情是正确的，而且你对此深信不疑，那么尽管放手去做！放飞你的梦想，如果遇到暂时的挫折，也不要在乎别人怎么说，因为他们可能不知道，每一次失败都蕴含着成功的种子。

爱迪生梦想制造一盏用电控制的灯，然后着手将这一梦想付诸行动。经历了1万多次失败后，他终于把梦想变成了实实在在的现实。由此可见，脚踏实地的梦想家**绝不轻言放弃**！

惠兰梦想开烟草连锁店，然后采取了行动，现在联合烟草连锁店已经遍布美国的大街小巷。

莱特兄弟梦想制造能在空中飞行的机器。现在，全世界都能看到他们的伟大梦想带来的巨大影响。

马可尼梦想找到一种方法，以控制无线电波的无形力量。他的梦想没有落空，现在全世界每一台收音机、电视机都是他这个梦想的成果。有一点你可能很感兴趣，马可尼的朋友曾把他关在精神病医院接受检查，因为他宣布自己发现了一个原理，能不通过电线或其他看得见的直接通信手段，而只借助空气传递信息。相比之下，今天的梦想家可是幸运多了。

世界上有无数机遇，更多的梦想家将抓住这些机遇。

让梦想起飞

"想成为什么人"、"想做什么事"的强烈欲望，是梦想家梦想起飞的基点。冷漠麻木、游手好闲和不思进取的人很难实现梦想。

记住，那些取得生活成功的人最初并不顺利，他们历经无数次艰苦卓绝的奋斗之后，才到达了梦想的彼岸。那些成功人士的生活转折点通常源自某个危急时刻，在紧要关头，他们发现了

“另一个自我”。

约翰·班扬由于对宗教持不同观点而被关进监狱，遭到了严刑拷打，之后写出了英国文学史上的佳作《天路历程》。

欧·亨利曾遭遇极大的不幸，被关在俄亥俄州哥伦布市的监狱中，之后他发现了沉睡在头脑中的智慧。迫于不幸，他发现了“另一个自我”，他发现自己可以成为一个伟大的作家，而不是可怜的罪犯和流浪者。

查尔斯·狄更斯的第一份工作是往鞋油盒上贴标签。初恋的失败深深刺痛了他，让他成了世界上最伟大的作家之一。他的爱情悲剧让他写出了《大卫·科波菲尔》及其他一系列作品，丰富和完善了读者的世界。

海伦·凯勒刚出生不久就成了一个又聋又哑又瞎的孩子。尽管遭遇了巨大的不幸，她却把自己的名字刻在了历史的伟大篇章上。她的生活经历表明，**没有人能被打败，除非接受失败的现实**。

罗伯特·彭斯是个目不识丁的乡下人。他饱受贫穷之苦，长大后还成了酒鬼。但是世界因他而变得更加美好，因为他用诗给思想披上了美丽的衣裳，他拔掉了生活中的荆棘，种上了芬芳的玫瑰。

贝多芬听不见，弥尔顿看不见，但是他们的名字与日月星辰同在，因为他们拥有梦想，并把梦想变成了条理清晰的思想。

“想得到”和“准备接受”不可视为等同。一个人只有相信自己能得到某物，才会准备接受它。这种心态是信念，而不是希望或愿望。只有胸怀宽广才会产生信念，自我封闭不会激发信心、勇气和信念。

记住，确立远大的人生目标、追求生活富足，并不比接受不幸和贫穷更困难。一位伟大的诗人曾写下这个永恒不变的真理：

我向生活索取一个铜板，
生活的给予却极不情愿，
无论我在黑夜如何乞求，
却只能对着微薄的收入无言。
生活就是一个雇主，
它会按照你的要求给付，
而一旦自己定了薪酬，
就要把工作担负。
我的追求不高，
却惊异地知道，
原来我的所有要求，
生活都会慷慨回报。

欲望有如天助

本章写到这里，我想介绍一位我认识的最不同寻常的人。第一次见他是在他刚出生几分钟后。他出生时没有耳朵，当问及医生时，医生坦言，这个孩子也许一生聋哑。

我质疑了医生的观点，我有权这样做，因为我是这个孩子的父亲。我也做出了决定，形成了一种观念，但没有告诉别人，只把这些埋在了心里。

在我的意识里，儿子将来会听见，也会说话。怎么才能做到呢？我肯定会有办法，我也知道自己一定会找到这个办法。我想起爱默生的名言："事物的发展会告诉我们真理，我们只需遵循它。它会给每个人以指示，只要悉心聆听，就会获得真谛。"

什么真谛呢？欲望！我的欲望不是别的，就是不让儿子做个聋哑人。对于这个欲望，我从未犹豫过，一秒钟也没有过。

我是怎么做的呢？我要在儿子没有耳朵的情况下，想方设法把寻求方法和途径的强烈欲望传达到他的大脑。

一到孩子懂事的时候，我就拼命给他灌输听的强烈欲望，希望上天用它自己的方式把这种欲望变成实实在在的现实。

这种想法就在我的脑海里，但我从未告诉过任何人。每天我都在心里重温自己许下的诺言，一定不让儿子做个聋哑人。

儿子长大些的时候，开始能注意到周围的事物，我们发现他有微弱的听力。到了一般孩子学习说话的时候，他还没有想说话的迹象，但是从他的表现来看，他能听到一些声音。这正是我渴望知道的事。我相信，如果他能听到，哪怕是一点点声音，那么就有可能拥有良好的听力。然后，有一件事给了我希望。这完全是一个意外。

改变一生的意外

我们买了一部留声机。儿子第一次听到音乐时就入迷了，而且立即把留声机据为己有。有一次，他一遍一遍地反复播放同一张唱片，持续了近两个小时。他站在留声机前，一直用牙齿咬住留声机的一边。直到几年之后，我们才明白他自己形成的这种习惯意味着什么，因为当时我们从未听说过“骨骼传导声音”的理论。

他把留声机据为己有后不久，我发现，当我的嘴唇接触到他的乳突骨说话时，他能清楚地听到我的声音。

确切知道他能听清我的声音后，我立即开始把听和说的欲望注入他的大脑。我很快发现，儿子喜欢在床上听故事。于是，我开始着手精心编造一些故事，旨在培养他的自立能力、想象力和

“能听见声音、能做正常人”的强烈欲望。

有一个故事，每次讲的时候，我都会特意加进去一些新鲜的、戏剧性的色彩。我精心设计了这个故事，以便在他心中植入一个观念，即不幸并非负债，而是一项无价的资产。虽然我检验过的一切哲理都清楚地表明“每一种逆境都隐藏着相同的优势”，但我也必须承认自己当时根本无法知道，这种逆境怎样才能转化为一笔资产。

6美分赢得一个新世界

分析回顾这些经验时，我能看出，儿子对我的信心和那些令人惊叹的故事结局有很大的关系。他对我告诉他的事深信不疑。我给他灌输了这样一个观念，即他拥有一项超越哥哥的优势，这个优势将会表现在许多方面。例如，学校老师会因为注意到他没有耳朵而特别关照他，对他也更和蔼。他们的确也是这样做的。我还给他灌输了另一个观念，就是等他长到可以卖报纸的时候（他哥哥已经是报业商人了），他会比哥哥拥有一大优势。因为，如果人们看到一个小孩，虽然失聪了，却依然聪慧、勤奋时，一定会多付钱给他。

他快7岁时，我们对他心灵的教化第一次开花结果。几个月来，他一直央求妈妈允许他去卖报，但他妈妈一直没有准许。

最终他抓住了机会。一天下午，他单独与佣人留在家里。他从厨房的窗户爬出去，跳到地面上，然后一个人出发了。他向附近的鞋店借了6美分作为本钱，开始卖报纸，卖掉后，再投资，然后再卖，如此反复，直到天黑。结账后，还掉借来的6美分后，他还净赚了42美分。晚上我们回到家后，发现他已经躺在床上睡着了，手里还紧紧攥着挣来的钱。

他妈妈掰开他的手，拿出他挣的钱不禁泪流满面。各种滋味涌上心头，她为儿子人生的第一次胜利而落泪。我的反应则正好相反，我开心地笑了，因为我知道，我在儿子心中深深植下的自信已经奏效了。

在他的第一次商业实践中，妈妈看到的是一个耳聋的孩子，冒着生命危险跑到街上挣钱。我看到的则是一个勇敢、进取、自立的小生意人，他对自己的能力增添了百分之百的信心，因为他凭着自己的开创精神做生意，而且获得了成功。他让我感到欣喜，因为我知道，他已证实了自己的足智多谋，这一点将会伴随他一生。

失聪的孩子听见了

在听不见老师讲课的情况下（除非近距离大声说话），这个失聪的孩子读完了小学、中学和大学。他没有上过聋哑学校，我们不让他学手语，执意让他过正常人的生活，和正常的孩子交往。虽然经常为此和学校老师激烈争辩，但我们一直坚持这个决定。

上高中时，他曾试用过电子助听器，但对他没有用。

大学毕业前的最后一个星期，发生了一件事，可以称得上是他的人生转折点。在看来纯粹巧合的情况下，他又得到了一个电子助听器，是别人送给他试用的。基于上次对类似装置的失望，他对这次试验并不热衷。后来，他拿起助听器，漫不经心地戴上，打开开关，结果奇迹出现了，他一生渴望的正常听觉竟成了现实！生平第一次他真的听见了，而且听得和正常人一样清楚。

这个助听器带来的全新世界让他欣喜若狂，他立即找到一部电话，拨给妈妈，清楚地听到了她的声音。又过了一天，他第一次在课堂上清楚地听到教授讲课，轻松地和他人谈话，而不必再请他们说得大声些了。他真真切切地拥有了一个全新的世界。

“欲望”已经有了回报，但胜利还不够彻底。这个孩子仍需找出明确、实际的办法，把这种缺陷化为等价的资产。

创造奇迹的意念

孩子当时还体会不出那件事的意义，只是兴奋地陶醉在全新的声音世界给他带来的喜悦中。他给助听器的制造商写信，满怀激情地描述他的体验。他的信打动了制造商，他们邀请他到了纽约。到达后，有人带领他参观整个工厂。他和总工程师聊天，向他描述自己感受到的新世界。这时，一个预感，一个构想，或者说一个灵感闪进了他的脑海。就是这股意念冲动，将他的不幸转化为资产，注定回报给他双重的利益——金钱和数千人的幸福。

那个意念冲动的实质是：他想，对数百万未受益于助听器的聋人来说，如果他能将自己体验的全新世界告诉他们，或许会对他们有所帮助。

他进行了一个月的详细研究。在此期间，他分析整个助听器工厂的营销制度，并且想出了和全世界有听力障碍的人沟通的渠道和方式，以便和他们分享自己发现的全新世界。这项工作完成后，他根据自己的发现，着手实施一个两年计划。当他把计划提交给这家公司时，便立刻获得了一个可以实现理想的职位。

开始上班时，他完全没想到，自己注定要为上千名聋人带来希望和真正的解脱。如果没有他的帮助，那些人将一辈子生活在无声的世界中。

我深信，如果不是我和他的母亲殚精竭虑地塑造他的内心世界，布莱尔将一生又聋又哑。

当我在他心中深植想听、想说，而且渴望活得像正常人一样的欲望时，那股冲动带来了某种奇妙的影响，促使上天为他筑起一座桥，跨越他的心灵和外界之间的沉寂鸿沟。

真的，要把炽烈的欲望变为现实，经历的道路是曲折的。布莱尔渴望正常听觉，现在他拥有了！他生来残障，这种情形很可能轻易地让一个意志薄弱的人走上街头流浪。

他还小的时候，我在他心中深植的小小的"善意谎言"，使他相信自己的不幸会变成一笔资产，使他获利，如今这个善意的谎言已经得到了验证。信心加上强烈的欲望，使世间任何欲望都能得以实现，这些道理是任何人都可以免费获得的。

意志的力量

有关舒曼-海因克的一段简短报道，透露了这位杰出女性成为著名歌手的秘密。我引述了这段文字，因为文章中强调的正是"欲望"。

在事业之初，舒曼-海因克小姐拜访了维也纳宫廷乐团的指挥，请他测试自己的嗓音，但指挥没有试听。他看了看这个笨拙、寒酸的女孩，不屑一顾地对她说："你长相平平，毫无特色，怎么能期望在歌剧界成功？好孩子，放弃这个念头吧！买台缝纫机，找个工作做。**你永远成不了歌唱家！**"

这个结论言之过早了。维也纳宫廷歌剧院指挥非常了解歌唱的技巧，但他不知道，如果一个人的欲望成了心中唯一的意念，这种力量将有多大。如果对这种力量稍加了解，他就不会错误地在一个天才还未获得任何机会时，就宣判末路。

几年前，我的一位生意合伙人病了。他的病情一天天加重，最后不得不到医院接受手术。医生警告我，他可能没多少生存机会了。不过，那只是医生的看法而已，病人自己并不这样看。

在被推进手术室前，他虚弱地在我耳边说："别听他的，老兄，过几天我就会出院了。"当时护士看着我，一脸遗憾。后来，病人真的安全地度过了危险期。事后，他的医生说："救活他的是那股想活的欲望。要不是他拒绝接受死亡，早就挨不过去了。"

我相信信心支持下的欲望的力量，因为我见过这种力量曾将出身低微的人，推向权力与财富的宝座；见过它从死神手中夺回生命；见过人们凭借它，即使遭受数百次打击挫折后，仍能高奏凯歌；我更见过，即使造物主让我的儿子生活在一个没有耳朵的世界里，却仍赐予他正常、快乐和成功的生活。

怎样驾驭并使用欲望的力量呢？在本章和以后的章节里，我对这一点做出了解答。

造物主从不展示意志的神奇、有力的特性，它在炽热欲望的冲动下，隐藏了某种东西，它绝不承认"不可能"这类字眼，也绝不接受失败的事实。

THINK AND

GROW

RICH

第3章　信心

想象成功，并相信梦想必将成真——致富第二步信心是大脑中主要的催化剂。当信心和意念结合时，潜意识会立刻接收到它们结合的震波，并把它转化为精神等价物，然后生成无穷的智慧。

在主要的积极情感中，信心、爱和性的力量最为强大。三者融合时，就能给意念以特殊的力量，使它立刻到达潜意识，并转化为同等的精神力量。

如何培养信心

现在，有一种说法能让我们更好地了解当欲望转化为物质或金钱对等物时，自我暗示所起的重要作用：信心是一种心理状态，它产生于对潜意识的不断肯定或反复暗示；也就是说，自我暗示能产生或创造信心。

举例来说，想一想你读本书出于什么目的。当然，你的目的就是要获得一种能力，从而将欲望产生的意念冲动化为物质或金钱。遵循“自我暗示”和“潜意识”两章中的指示去做，你的潜意识就会深信自己将获得想要的一切。这样，潜意识与信心之间形成了一种互动，潜意识也会传达给你一种信心，以及实现一切欲望所需的明确计划。

信心是一种心态，你可以按照自己的意愿培养这种心态，因为信心就是通过应用这些原则而自发产生的一种心理状态。

不断反复并确定地对潜意识发号施令，是自发培养信心的唯一方法。

也许看一看以下这些人犯罪的原因，读者会更明白信心的意义。一位著名的犯罪学家曾经说过："第一次接触罪恶行为时，人们通常会感到憎恶。但若在一段时间内连续不断地接触犯罪行为，人们就会习以为常、不以为然。若持续更长时间的话，人们最终会拥抱它，并被它左右。"

同样的道理，如果不断地将任何意念冲动传达给潜意识，这些意念最终都将被接受，并通过潜意识产生回应，进而以最切实可行的步骤，化意念冲动为事实。

说到这里，请再想一想这句话，所有感性的（被赋予感觉的）意念，如果与信心相结合，将立即转化为与之相等的物质报酬或对等物。

意念中的情感或感觉，是赋予意念活力、生命和行动的重要因素。信心、爱和性如果与任何意念冲动相结合，都将比任何单一情感的作用更具威力。

其实不只是与信心相结合的意念冲动，凡是与积极情感或消极情感相结合的意念，都会影响我们的潜意识。

没人注定倒霉

根据以上说法，我们可以理解，潜意识的消极破坏性意念冲动与积极建设性意念冲动一样，都会随时做出与意念同等的实质反应。这就是数百万人经历的所谓"不幸"或"倒霉"的奇特现象的原因。

有数百万人相信自己"注定"贫穷、失败，因为他们认为有一种无法控制的神奇力量在左右着自己。其实他们就是创造自己“不幸”的元凶，因为他们持有这种消极意念，当这种消极意念到达了潜意识时，就会转化为实质的对等物。

在这里有必要再提醒一次，如果不断将希望转化为物质或金钱对等物的欲望传达给潜意识，那么你就能从中受益，因为在那种期望或深信不疑的状态下，变化真的会发生。信心或信念决定着潜意识的活动。当通过自我暗示向潜意识下达命令时，没有任何东西能阻止你“哄骗”自己的潜意识。我正是这样哄骗了儿子的潜意识。

要使这种“哄骗”更加真实，在你召唤潜意识时，不妨表现得仿佛自己已经拥有了梦寐以求的东西一般。

潜意识接到的任何命令，只要是在自信或有信念的情况下传达的，它都会以最直接最可行的方式来执行，并把它转化为实质的对等物。

当然，我已经说了很多，让你做好准备，可以开始通过亲身体验或行动，获得将信心与任何传达给潜意识的指令相结合的能力。实践出真知，只是读一读这些方法还无济于事。

激发积极情感以支配精神动力，抑制、排除消极负面情感，是一个人最基本的态度。

积极情感支配下的精神，最有利于产生这种心态，也就是信心。以这种方式支配的精神，可以随意地对潜意识发号施令，潜意识会立即接受并采取行动。

信心是一种心态

多少年来，宗教人士一直教化在苦难中挣扎的人们要“有信心”，还传授各种教规、信条，但他们无法告诉人们怎样才能拥有信心。他们没有指出，“信心”是可以通过自我暗示引发的一种心态。

我们将以一般人能看懂的语言，讲述对这项原则的认识，通过这项原则，你或许会产生尚未具备的信心。

要相信自己。

开始之前，请再一次提醒自己：信心是一剂“灵丹妙药”，它赋予意念冲动以生命、力量和行动！

下面的句子，你应该反复读，而且应该大声朗读！

信心是聚集财富的起点。

信心是所有“奇迹”以及科学原理无法解释的奥秘的基础。

信心是治疗失败的唯一良药。

信心是一种要素，能把人类有限脑力创造的普通意念震波转化为同等精神力量。

神奇的自我暗示

证据简单明了，它隐藏在自我暗示的原则中。因此，让我们把焦点集中在自我暗示上，去了解它究竟是什么，它能带来什么。

我们都知道，如果一个人不断对自己重复同一件事，那么无论这件事是真是假，最终他都会相信它。谎言重复千遍，也会变成事实。每个人会有不同的表现，是因为他的意念使他具有这样的表现。人有意在自己心中灌输一种意念，再结合一种或多种情感，最终形成强大的推动力，从而指引、控制他的每个举止、表现和行为。

下面的句子是个非常重要的真理：

> 意念与任何情感相结合，都会形成一种“磁力”，吸引其他类似或相关的意念。
>
> 这种与情感相吸引的意念，就像一粒种子，在肥沃的土壤里生根、发芽、成长、不断繁衍，直到原来的小种子成为不计其数的同类种子。

人的大脑会不断吸引与内心意念和谐的震波，大脑中的任何思想、观念、计划或目标，都会吸引很多“同类”，并将这些“同类”和自身力量合并、成长，直到成为控制并引发个人动机的主宰者。

现在，让我们回到起点，以便了解如何将思想、观念、计划或目标的原始种子种在心里。传递信息非常简单：任何思想、观念、计划或目标都可以通过无数次意念活动深植于心。所以我让你写出主要目的或确定的首要目标，以便你能牢记它。日复一日，大声重复它，直到这些声音的震波到达你的潜意识。

下定决心抛弃一切逆境的影响，重建你的人生秩序。盘点内心的资产与债务，你会发现自己最大的弱点就是缺乏自信。借助自我暗示的原则，就可以克服这种心理障碍，怯懦也可以化为勇气。这一原则的应用可以通过一个简单的过程实现，也就是把积极的意念冲动写下来、熟记、背诵，直到它成为你潜意识的一部分。

自信的秘诀

第一，我知道，我有能力实现人生中的明确目标。因此，我要求自己坚持到底，继续前行。在此，我发誓要把这种力量化成行动。

第二，我知道，心中的主宰意念终会以外在、实际的形式表现出来，并逐渐转化为事实。因此，我每天要花30分钟集中意念，想象自己理想中未来的样子，从而在心中形成一幅清晰的图像。

第三，我知道，通过“自我暗示”原则，我心中任何积存已久的欲望，终究会经过某种能实现目标的方式表现出来。因此，我要每天花10分钟培养自信心。

第四，我已经清楚地写下一生中确定的主要目标，我一定要不断努力，直到培养出实现目标所需的足够的自信。

第五，我完全明白，财富与地位只有建立在真理与正义的基础上才会持久。因此，我绝不去做有损他人利益的事。我要靠发挥自身的力量以及与别人的合作去赢得成功。我愿意为他人服务，别人也将乐于为我服务。我会摒弃仇恨、忌妒、自私和讥讽，我要对别人奉献一份爱，因为我知道，用消极态度对待他人，我将永远不会成功。我会信任他人、信任自己，从而换取他人对我的信任。我要在这份自信秘诀上签名，并把这一秘诀铭记于心，每天背诵一次。我深信它将逐渐影响我的思想和行为，使我成为一个自信且成功的人。

这个秘诀的背后是一条人类尚无法解释的自然法则。如何命名这个秘诀并不重要，重要的是，如果建设性地应用它，那么它会给人们带来荣耀与成就。反之，如果破坏性地应用它，它随时都会造成毁灭。这句话中蕴含着一个意味深长的事实，即任何在挫折中倒下，并且在贫穷、不幸和痛苦中度过一生的人，之所以会如此，是因为他们消极地应用了自我暗示原则。这种现象的原因在于，所有的意念冲动都会有实际的表现。

消极思考的害处

潜意识区分不出什么是建设性的意念冲动，什么是破坏性的意念冲动。我们向潜意识输入什么素材，它就会通过意念冲动完成什么工作。潜意识可以随时把受恐惧驱使的意念转化为事实，同样也可以立即把受到勇气或信心驱使的意念转化为事实。

电力转动着工业巨轮。如果建设性地使用电力，它可以做出有益的贡献；如果错误地使用，就可能会夺去一个人的生命。同样，根据你对自我暗示原则的理解和运用，它可能带你走向从容和富足的人生，也可能把你引向不幸、失败和死亡的深渊。

风能使一艘船驶向东，另一艘驶向西。同样，自我暗示原则可以把你推向高峰，也可以让你坠入谷底，就看你如何操纵“意念之帆”了。

通过自我暗示，任何人都可能登上意想不到的成就巅峰。下面的诗句充分体现了这一原理：

> 如果你认为自己会失败，那么你已经失败了。
> 如果你认为自己不敢做，那么你肯定踌躇不前。
> 如果你想获胜，却认为无力制胜，
> 那么几乎可以断定，你与胜利无缘。
> 如果你认为自己会输，那么你已经输了。

放眼世界，我们发现，
有志者事竟成——
一切都与心态有关。
如果你认为自己出类拔萃，那么你就是如此，
你心高志远，
你相信自己，
胜利总会垂青于你。
人生的赛场并非总呼唤更快、更强，
最后的胜利，
属于那个相信自己能行的你！

注意诗中特别强调的词句，你就不难理解诗人心中的深刻用意。

沉睡的天赋

人类天性的某个角落，成就的种子在沉睡，如果把它唤醒，它就能把你推向你从未想象过的人生之巅。

正如音乐大师能让美丽的音乐从琴弦上流淌出来一般，你也能唤醒在大脑中沉睡的天赋，让它带你到达理想的彼岸。

亚伯拉罕·林肯在他40岁之前，还一事无成。他曾是个名不见经传的小人物，直到一次重大的经历闯入他的生活，才唤醒了在他的心中和脑中沉睡的天赋，由此为世界塑造了一位真正的伟人。那次“经历”融合了悲痛与爱。它来自安妮·拉特利奇，林肯唯一真正爱过的女人。

人所共知，“爱”的情感和“信心”这种心态非常相似。因

此，爱很容易将一个人的意念冲动转化为精神等价物。研究期间，作者通过分析数百位杰出人物的生平和成就发现，他们每个人的背后几乎都有一位女性的爱在支持着他。

假如你想求证信心的力量，不妨研究一下运用过这种力量的人所取得的成就。

让我们看看印度圣雄甘地从自信中获得的力量，此人为人类文明树立了信心潜能的典范。虽然甘地没有传统的权力工具，如金钱、战舰、军队和战略资源，但他比同时代的人都更善于运用自身的潜能。甘地没有钱、没有家，甚至没有像样的衣着，但他的内心却有一种力量。他是如何拥有这种力量的呢？

他的力量来自对信心原则的理解，通过自己的能力，他把信心移植到2亿人的心中。

甘地影响了2亿人，他把他们团结起来，创造了万众一心的奇迹。

除了信心，世界上还有哪种力量可以创造如此大的成就？

构想创造财富

经营企业需要信心与合作。我在此分析一个事实，以便让你们充分了解企业家和商人创造财富的方法。想必读者会有兴趣，而且会从中受益。这个事实是：想要获取财富，必须先投入后收获。

选作例证的事实回溯到了1900年美国钢铁公司成立之初。阅读这个故事时，把这些基本事实记在心中，你就会明白，构想是如何转变为巨额财富的。

假如你也对如何聚集巨额财富感到好奇，那么这个创建美国钢铁公司的故事将对你深具启迪作用；假如你对思考致富感到怀疑，这个故事应该可以化解你的疑虑，因为在这个故事中，你可以清楚地看出，它应用了书中描述的大部分原则。

价值10亿美元的精彩演说

1900年12月12日晚，大约80位美国金融界显贵聚集在位于第五大道的大学俱乐部宴会厅，欢迎一位来自遥远西部的年轻人。当时没有几个人意识到，他们即将目睹美国工业史上最有意义的一段插曲。

J·爱德华·西蒙斯和查尔斯·斯图亚特·史密斯到匹兹堡访问期间，受到了查尔斯·施瓦布的热情款待。为了表示感谢，他们特意为来自匹兹堡的施瓦布安排了这次晚宴，向东部银行界介绍这位年仅38岁的钢铁业人士。但他们可不希望施瓦布吓跑与会人士，事实上，这两个人还警告他，这群自命清高的纽约人对演说不感兴趣，如果他不想令斯蒂尔曼、哈里曼和范德比尔特之流厌烦的话，最好说15~20分钟的客套话，然后就此打住。

即使当时坐在施瓦布右侧以示对施瓦布尊重的约翰·皮尔庞特·摩根原本也只打算短暂停留，只为宴会助助兴而已。就报界和大众看来，整件事并无特殊之处，因此第二天的报上并无任何相关报道。

两位主人和显赫的宾客们像往常一样用完了七八道菜。宴会期间人们很少交谈，即使有话题也很有限。因为没有几位银行家和经纪人见过施瓦布。虽然他的事业已在莫诺加和拉河沿岸蓬勃发展，但没有人了解他。然而，就在晚宴即将结束，包括摩根在内的宾客们正准备离去时，一个10亿美元身价的新生儿——美国钢铁公司，正呼之欲出。

也许这是历史的不幸，因为当晚施瓦布在晚宴上的一席话竟毫无记载。

不过，虽然他的话中交织着隽语与机智，但可能它只是一段家常话，而且还有些不合文法（施瓦布向来不愿费心修饰辞藻）。但是，除此之外，这席谈话对于那些据估计有50亿美元身价的宾客们，却有着一股如电流般强大的力量和效果。他的发言结束之后，在场的人都被征服了。虽然施瓦布已经谈了90分钟，但摩根又把他引至窗下，两人坐在并不舒服的高脚椅上，双腿垂悬，又谈了一个小时。

施瓦布淋漓尽致地展现了其个人魅力，但更重要而且影响更深远的是他为美国钢铁公司制订的完整、清晰的计划。也曾有很多人想吸引摩根继饼干、电缆、糖、橡胶、威士忌、石油或口香糖等领域的合并后，快速合并一个钢铁托拉斯。投机商约翰·盖茨曾极力怂恿，但摩根不信任他。芝加哥的股票经纪人莫尔兄弟、比尔和吉姆，曾合并过一家火柴托拉斯和一家饼干公司，但在合并钢铁公司这件事上也遭到了失败。虚伪的乡村律师艾伯特·加里，也想促成这件事，但他的分量还不足以引起他人的注意。最终，施瓦布的雄辩征服了摩根，让他看到了最具风险的金融事业的坚实基础。这项计划也被人们视为金钱狂想者的狂妄梦想。

早在上一代人的时候，吸引数千家小型或者经营不善的公司合并为大型且具有压倒性竞争力公司的金融魅力，就已经通过"商业大盗"约翰·盖茨的"诡计"，开始在钢铁业发挥作用。盖茨已将一连串小公司合并为美国钢铁与电缆公司。他还与摩根共同创建了联邦钢铁公司，但是和以安德鲁·卡内基为首，由53位合伙人拥有、经营的庞大垂直托拉斯相比，其他那些合并的公司简直是小巫见大巫。那些小公司可以尽情地合并，但即使如此，它们也丝毫不能削弱卡内基的势力，摩根对此非常清楚。

这位古怪的苏格兰老人也知道这一点。他站在壮观的施基伯古堡高处，看着摩根的小公司跃跃欲试，它们想侵入自己的事业版图。他最初感到很有趣，后来变成了憎恨。当摩根的企图变得胆大包天时，卡内基的内心充满了愤怒和报复情绪。他决定复制对手拥有的每一家工厂。此前，他从未对电线、管道、电缆或板材有过任何兴趣，他只满足于把生钢卖给那些公司，让它们将原料制成自己想要的成品。现在，有了施瓦布这位得力干将，他打算将敌人彻底击败。

正是通过与查尔斯·施瓦布的谈话，摩根找到了合并问题的答案。一位作家说，一个没有卡内基的托拉斯，就不能称其为托拉斯，就像干果布丁上缺少了干果一样。

施瓦布在1900年12月12日晚上的谈话，毫无疑问地传达了一个保证，至少也是一个建议，即庞大的卡内基企业可以被纳入摩根旗下。他谈到未来全世界对钢铁的需求，谈到效率的重组，谈到专业化，谈到削减不景气的工厂和集中发展蓬勃产业，谈到矿砂运输的成本节约，谈到管理和行政部门费用的节约，还谈到掌握海外市场。

除此之外，他还指出了在座的一些“商业大盗”惯常掠夺行为的错误所在。施瓦布推断，他们的目的不外乎就是形成垄断、哄抬价格，利用特权为自己赚取丰厚的利润。施瓦布强烈谴责了这种做法。他告诉听众，这种政策的缺点在于，在一个开拓的时代，它反而限制了市场的发展。施瓦布认为，通过降低钢铁成本，可以创造一个不断扩充的市场，还应开发钢铁的多种用途，从而在世界贸易领域占据优势地位。事实上，虽然施瓦布还没有意识到，但他主张的正是现代的大规模生产。

大学俱乐部的晚宴就这样结束了。摩根回到家中，思考着施瓦布提出的美好愿景。施瓦布回到匹兹堡，为“卡内基”经营钢铁业，加里和其他人则回去继续守着他们的证券报价机，等待着下一个行动。

没有等太久。摩根大约花了一个星期品味施瓦布摆在他面前的理由。当他确信结果不会对财务造成任何不良影响时，他派人去请施瓦布来，结果发现这个年轻人非常腼腆。施瓦布表示，卡内基先生如果发现他最信任的公司总裁曾和摩根有什么来往，可能会不高兴，因为卡内基曾经下决心永不踏上华尔街一步。然后，中间人约翰·盖茨提议，如果施瓦布“碰巧”在费城百乐威饭店的话，摩根可能也会“碰巧”在那里。但是，施瓦布抵达后，摩根却不巧在纽约的家中卧病不起，于是在这位老人的一再邀请下，施瓦布来到了纽约，出现在这位金融家的书房。

现在，有些经济史学家宣称，这出戏从头至尾，就是安德鲁·卡内基一手导演的——从邀请施瓦布在晚宴上的讲话，到周日夜晚施瓦布和金融大王的会谈，都是这位狡猾的苏格兰人安排的剧情。然而事实恰恰相反。当施瓦布被请去完成这项交易时，他甚至不知道“小老板”（他对安德鲁的称呼）是否肯听从自己抛售的提议，尤其是卖给一群安德鲁认为天生不够高尚的人。但施瓦布去商谈时，的确带着他亲笔写下的一些数字，那些数字代表在他心目中每个钢铁公司的实际价值及获利潜能。他把这些公司视为新金属业星空中闪亮的明星。

4个人整夜研究这些数字。为首的当然是摩根，他对金钱的神圣权力坚信不疑。陪同他的是他的贵族伙伴，罗伯特·培根，他是位学者，也是个绅士。第三位是约翰·盖茨，摩根讽刺他为投机商，却用他如工具。第四位就是施瓦布，他对钢铁制造和销售的了解胜过当时的任何人。整个会议从头到尾，匹兹堡的数字从未被质疑过。假如施瓦布说一家公司值多少钱，那它就只能值那么多。他还坚持只并购自己指定的公司。按照他构想的合并，不应该有重复设置，即使是自己的朋友，想让摩根实力雄厚的双肩扛下他们的公司，他也不会同意的。

黎明时分，摩根站起来，挺直了背。现在只剩下一个问题了。

“你认为你能说服安德鲁·卡内基卖掉他的公司吗？”摩根问。

“我可以试试。”施瓦布说。

“假如你能说服他出售，我会来做这件事。”摩根说。

到目前为止，事情还算顺利。但卡内基愿意出售吗？他会要求出价多少？（施瓦布认为大约是3.2亿美元。）他会接受何种付款方式？普通股还是优先股？债券？现金？没有人能筹募到3亿多现金。

1月份，在西切斯特的圣安德鲁斯高尔夫球场霜冻的石南荒地上，施瓦布和安德鲁打了一场高尔夫球。安德鲁全身裹着毛衣御寒，施瓦布和往常一样，滔滔不绝地讲话以振作精神。但对于生意上的事，谁都只字未提。最后两个人来到附近的卡内基农庄，坐在了温暖舒适的房间里。施瓦布拿出令大学俱乐部80位百万富翁倾倒的说服力，把他的美好承诺和盘托出，包括舒适的退休生活和数不尽的财富，以满足老人的社交构想。卡内基投降了，他在一张纸条上写下一个数字，交给施瓦布说：“好，这就是我们要卖的价钱。”

这个数目大约是4亿美元，是以施瓦布提出的3.2亿美元为基础，再加上预计未来两年约8 000万美元的增值确定的。

后来，在一艘横渡大西洋的客轮甲板上，这位苏格兰人懊悔地对摩根说：“早知道应该向你多要1亿美元。”

“如果你之前开口，你早就得到那1亿美元了。”摩根愉快地回答。

当然，此话一出，立刻引来一阵哄笑。一位英国记者报道说，这个大规模并购“震惊了”国外的钢铁业。耶鲁大学校长哈德利则宣称，如果不立即规范托拉斯行为，在“未来25年内，华盛顿将会诞生一个皇帝”。但是，精明的股市操纵者基恩将新股强劲地推向了大众，以致所有虚值（有人估计约为6亿美元）一眨眼间便被吸纳了。这样，卡内基得到了他的数百万美元资金，摩根财团在“混乱”中获得了6 200万美元的利益，而所有的“兄弟们”，从盖茨到加里，也都得到了数百万美元的回报。

38岁的施瓦布也获得了他的那一份。此后，他被任命为新公司的总裁，掌握着公司大权，直到1930年。

财富始于意念

你刚读完的这则大交易的故事，是个绝佳的例证，它展示了将欲望变为实际等价物的方法。

那个庞大的组织在一个人的心里诞生。这个组织合并了其他钢铁厂，带来了财务上的稳定。这个计划同样诞生在这个人的心里。他的信心、欲望、想象力、毅力，是成就美国钢铁公司的真正要素。在公司合法成立后，它所获得的钢铁厂和机械设备，虽说是附带的，但是经过仔细分析，就会发现一个事实：只将各厂合并而置于统一管理之下的这项措施，就使公司收购的各厂的财产价值增长了约6亿美元。

换句话说，查尔斯·施瓦布的构想，加上他把这一构想传达给摩根及其他人的信心，赢得了大约6亿美元的利润。对于一个构想来说，这可是个不容小觑的数目！

美国钢铁公司事业兴旺，是美国最富有、最强大的公司之一。它雇用了数千名员工，研发钢铁的新用途，开辟新市场。因而可以证实，施瓦布的构想创造的6亿美元利润已经赚到了。

财富真的始于意念！

仅仅将意念变成行动，那么财富的数量会受到限制，而信心可以解除这种限制！当你准备向生活索取时，不论索取什么，都要记住这一点。如果成功地做到了这一点，你就可以以满意的价格得到你想要的东西。

THINK AND GROW RICH

第4章 自我暗示

影响潜意识的媒介——致富第三步

通过5种感官而到达大脑的所有暗示和自行实施的刺激都可称为“自我暗示”。自我暗示就是对自己的暗示。它是一种沟通的媒介，介于产生意念的意识部分与产生行动的潜意识部分之间。

通过一个人的意识产生的主导意念（是消极的还是积极的并不重要），自我暗示的原则会自动将这些意念传达给潜意识，并对它产生影响。造物主就是这样创造了人，让人通过5种感官可以完全控制到达潜意识的内容。但并不是说，人人都能从容地应用这种控制力。相反，在大部分实例中，人们并没有应用它，这正是很多人终生贫穷的原因。

回顾起来，我感觉潜意识就像一片沃土，如果没有种上你想种植的作物种子，那么杂草就会肆意丛生。自我暗示其实就是一种自我控制，通过它，个人可以根据意愿在潜意识中种下创造性的意念，也可能由于疏忽漠视，而任由破坏性意念在这片心灵沃土中生长。

想象、体会金钱握在手中的感觉

在“欲望”一章里，我们讲到6个步骤的最后一步，是每天把自己写下的梦想大声朗读两遍，朗读你对金钱的欲望，并且想象、体会金钱握在手中的感觉！按照这些指示，你就能以充分的自信，直接将欲望目标传递到潜意识。不断重复这一过程，你就会自动形成化欲望为金钱对等物的意念习惯。

继续读下去之前，先回到第2章提到的6个步骤，再把它们仔细地读一遍。然后，再仔细阅读“精心策划”一章中教你组织智囊团的4项要求。把这些要求与自我暗示的内容相比较，你会发现这些要求和应用自我暗示原则有关。

因此，要记住，大声朗读你的欲望时（你在努力通过朗读培养自己的“金钱意识”），只念那些字是没有结果的，你要在念的时候，融入自己的情感或情绪。

这一点的确非常重要，所以有必要在几乎每一章中都重复提到，因为大多数人正是缺乏对这一点的了解，所以在利用自我暗示原理的时候，达不到预期的效果。平平淡淡、毫无感情的字句影响不了潜意识。如果不将充满激情和信心的意念或有声文字注入潜意识中，那么你就不会得到期望的结果。

第一次尝试时，如果无法成功地控制、指挥你的情绪，也别气馁。记住，天下没有免费的午餐。你不能欺骗自己，当然你也许很想这样做。若想获得影响潜意识的能力，其代价就是坚持不懈地应用在此提到的原则。只付出微薄的代价，则不可能得到你想获得的能力。你，只有你，来决定你为之奋斗的回报（即金钱意识），是否值得你为之辛苦地付出。

使用自我暗示原则的能力，在很大程度上取决于你能否专注于已有的欲望，直到你为它着迷。

提高专注力

当你开始实施第2章提到的与6个步骤相关的提示时，将有必要使用专注原则。我们在此提出一些有效利用专注力的建议。当你开始实施6个步骤中的第一步，也就是让你“在心中确定你想得到金钱的准确数目”时，用专注力将意念集中在那个数目上，或者闭上双眼以集中注意力，直到你能真切地看到那笔钱。每天至少重复做一次。做这些练习的时候，按照“信心”一章的要求，想象自己真正拥有了那些钱。

这里有一个重要的事实——潜意识会接受任何在绝对自信状态下传达给它的指令，当然这些指令经常需要通过反复传递，一遍一遍地呈现出来，潜意识才能接受。按照这种说法，可以考虑对潜意识要个合理的“小把戏”。由于你自己深信不疑，你可以使潜意识相信，你一定要拥有你所看到的财富，相信这笔属于你的财富正等着你来认领。如此一来，潜意识自然会拱手把具体的计划送给你，供你去获得属于你的财富。

把上一段提出的思想传达给你的想象力，看看你的想象力能或者会做出什么反应，以实现你的欲望，让你制订出积累财富的可行计划。不要等计划明确出现后，再根据计划以提供服务或卖出商品的方式获取想象中的财富，而是应该立即看见自己坐拥这些财富，同时要求、期待潜意识提出一项或多项计划。密切注意这些计划，等它们一出现，就立刻付诸行动。计划出现时，它们可能通过第六感，以“灵感”的形式“闪”入你的内心。要重视它，而且在感受到它时，立即做出回应。

6项步骤的第四项，要求你“制订一个实现梦想的明确计划，然后立刻开始执行”。你应该用上一段所说的态度遵循这项指示。在实现欲望的过程中，要制订出积累财富的计划，不能相信你的理智。因为，你的理智有时会怠惰，如果完全依赖它，可能会令你失望。

当你在想象中看到自己希望得到的财富时，可以尝试去想象自己正为得到这笔财富在提供服务或卖出商品。这一点非常重要。

刺激潜意识的三个步骤

现在，把第2章提到的与6个步骤相关的指示加以总结，再加上本章讲述的原则，整理如下：

第一，到一个不会被干扰或打断的地方（最好是晚上躺在床上时），闭上双眼，大声朗诵你写的那份声明（这样你才能听到自己的话），其中包括你想积累的金钱数量、时限以及为得到这笔钱打算提供的服务或卖出的商品。履行这些指示时，要想象自己已经拥有了这笔钱。

举例来说：假设你打算在5年后的1月1日积累5万美元，而且你打算以销售人员的身份提供个人服务以得到这笔钱。那么，你的自我目标声明应该这样写：

> 在××年1月1日前，我将拥有5万美元。在此期间，这些钱将不断以不同的数额到来。
>
> 为得到这笔钱，我愿尽我所能提供最有效的服务，作为一名销售人员，提供尽可能多和最优质的服务（描述一下你打算提供的服务或商品）。
>
> 我相信我将拥有这笔钱。我信心十足，这笔钱似乎是看得见、摸得着的。为了得到它，只要我提供服务，它就会立刻转化为同等比例的利益。我在等待一个可以获得这笔金钱的计划，一旦计划出现，我将立刻行动。

第二，每天早晚重复这一过程，直到你能看见（在想象中）自己想要获得的金钱。

第三，把一份你写的声明放在早晚都看得到的地方，并且在睡觉前和起床后朗读，直到记住为止。

记住，按照这些要求做的时候，你就是在应用自我暗示原则，目的在于给你的潜意识下达指令。还要记住，潜意识只会对情感化的指示和“用心”传达的指示起作用。信心就是所有情感中最强烈、最具效果的一种。请遵循“信心”一章中的要求来做。

最初，这些要求可能看起来很抽象，但是不要因此受到干扰。不管一开始看起来多么抽象或多么不切实际，只管按照要求去做就是。假如你在精神上、在行动上都能按照指示去做的话，那么一个全新、任你驰骋的世界就会展现在你的眼前。

智力的奥秘

对所有的新观念持怀疑态度是人的天性，但是，如果遵循上述指示，你的怀疑将很快被信念所取代，而且接下来很快会转化为信心。

很多哲学家都曾说过，人类是自己命运的主宰者，但他们大多没有说明为什么人类能主宰自己的命运。本章透彻地说明了人类之所以能主宰自己的人生定位，尤其是经济地位的原因。人类可以成为自己的主宰，成为自己所在环境的主宰，是因为人类具有影响自己潜意识的力量。

将欲望转化为金钱的实际过程中，会涉及自我暗示原则的应用。自我暗示是一种媒介，通过它可以触及并影响潜意识，其他原则只不过是运用自我暗示原则的工具。记住这一点，无论何时你都能注意到，在你运用本书中的方法努力积累财富时自我暗示原则所起的重要作用。

读完全书再回到这一章，用心和实际行动来遵循以下指示：

> 每天晚上大声朗读这一章，直到你完全相信“自我暗示”的原理是可靠的，并且深信它会帮助你实现一切梦想。朗读的时候，在每个对你有帮助的重要句子下面用铅笔画线。

严格地遵照以上指示，你就能完全理解并掌握成功的法则。

THINK AND GROW RICH

第5章 专业知识

个人的经验或见解——致富第四步

知识有两种，一种是普通知识，另一种是专业知识。普通知识无论有多么丰富或广博，对于积累财富并无多少助益。著名大学的各个科系，应该说真正聚集了人类文明史上的各种普通知识，而多数大学教授并没有多少钱。他们精于传授知识，而非组织或运用知识。

只有将知识组织起来，并通过切实可行的行动计划，巧妙地向积累财富的目标迈进，知识才具有吸引力。正是因为缺乏对这一事实的认识，人们才错误地认为“知识就是力量”。其实并非如此。知识只是潜在的力量，只有与明确的行动计划和目标相结合，知识才能成为力量。

教育机构无法成功地教导学生组织和运用知识，所有教育制度的缺陷由此可见一斑。

很多人错误地认为，因为亨利·福特只受过很少的“学校教育”，所以他就一定是个缺少“教育”的人。犯这种错误的人不明白“教育”一词的真正含义，实际上这个词来自拉丁语“educo”，意思是由内向外推演、产生和发展。

受过教育的人未必就是拥有丰富的普通知识或专业知识的人。一个受过教育的人，他的心智应该得到了充分拓展，让他能够在不侵犯他人权利的情况下，获得自己想要的东西。

发财致富的“无知”者

“一战”期间，一份芝加哥报纸在社论中称亨利·福特为“无知的和平主义者”。福特先生反对这种看法，并控告该报纸诽谤他。当案子在法庭上审判时，报社律师在辩护中让福特本人走上证人席，向陪审团证明福特的无知。律师问了福特各式各样的问题，所有问题旨在证实，虽然福特可能具有相当多关于汽车制造的专业知识，但就整体而言，他却是无知的。

福特当时受到了诸如以下问题的刁难：

“本尼迪科特·阿诺德[①]是谁？”以及“1776年，英国派遣多少士兵到美洲平息叛乱？”回答后一个问题时，福特先生说：“我的确不知道英国到底派了多少士兵，但我听说，派去的数目要比回去的数目大得多。”

最后，福特对一连串问题烦透了。在回答一个极具攻击性的问题时，他身向前倾，用手指着发问的律师说：“如果我真想回答你刚刚提出的这个愚蠢的问题，或刚才你问我的那些问题，那么我告诉你，我的办公桌上有一排按钮，只要按下一个按钮，我立刻能找来助理人员协助我，让他们回答任何有关我事业上的问题。现在，能否请你告诉我，当我身边随时有人能提供我所需的知识时，我为何要在脑子里塞满一堆东西，专门用来回答问题？”

这的确是个滴水不漏的回答。

这个回答难住了律师。法庭上的人一致认为，做此回答的人，绝非无知之辈，定是位有识之士。真正有学问的人，知道应

---

① 美国独立战争期间美方唯一的叛将。——译者注

该从哪里获取知识，也知道如何把知识组织起来，形成明确的行动计划。依靠智囊团，亨利·福特掌握了他所需的所有专业知识，并使他成为美国最富有的人之一，但是他本人根本没有必要亲自了解这些知识。

你能得到自己需要的任何知识

确信自己有能力把欲望变成金钱等价物之前，你需要具备某种服务、商品或职业等方面的专业知识，才能借以获取财富。或许你所需要的专业知识，远远超出了你的能力或意向。如果是这样，你可以通过智囊团来弥补自身的不足。

积累大笔财富需要力量，而力量来自对专业知识的充分组织与合理运用，但是致力于积累财富的人，不一定要具备这些知识。

有些人本身并未受过必要的“教育”，无法提供自身所需的专业知识，但他们却有发财致富的宏图壮志。对这些人来说，前面的文字可以给他们以希望和鼓舞。有些人因为没有受过教育而终身自卑。其实，如果一个人懂得组织，并且领导着一个掌握致富专业知识的智囊团，那么他就和其他人一样拥有知识。

托马斯·爱迪生一生只受过三个月的学校教育，但他可不是没有知识，他更没有死于贫困。

亨利·福特在学校还没上到六年级，却通过自己的努力积累了惊人的财富。

专业知识是可以获得的最丰富、最廉价的服务形式！如果你不相信，可以看看任何一所大学的工资单。

了解获取知识的途径

首先，要明确你所需的专业知识是什么，以及你为什么需要它。在很大程度上，人生的主要目的，即你为之奋斗的目标，会帮助你确定所需的知识。这个问题确定之后，下一步就要求你准确了解知识的可靠来源。其中重要的来源包括：

1. 自己的经验和受教育情况。

2. 通过与他人合作，可以拥有的经验和知识。

3. 高等院校。

4. 公共图书馆（在书本和刊物上可以找到人类文明积淀的知识）。

5. 专业培训课程（尤其是通过夜校和函授）。

获取知识的时候，必须为了某个明确的目标、通过某个可行的计划，将知识加以组织、利用。如果不是为了某个有意义的目标而获取知识，那么知识就毫无价值。

如果你想进一步学习，首先要确定获取知识的目的，然后了解从何处、从什么可靠的地方能得到这种知识。

各行各业的成功人士，总是不停地获取与他们的主要目标、业务或专业相关的知识。那些未能取得成功的人，往往错误地认为，离开学校后，对知识的追求就可以停止了。其实，学校教育只是为未来获取实用知识铺路而已。

今天的社会追求专业化。哥伦比亚大学就业中心前主任罗伯特·莫尔在一则新闻报道中强调了这一事实。

最需要的是专才

用人单位尤其需要那些专攻某一领域的人才，例如受过会计学和统计学培训的商学院毕业生、各类工程师、新闻记者、建筑师、化学家，以及优秀的领导者和具有活动能力的高级人才。

那些积极参加学校活动、为人随和、交友广泛、学业进取的学生，与那些死读书的学生相比，有着绝对优势。由于能力全面，他们中有些人已经得到了几个可供选择的职位，有的甚至多达6个职位。

一家大型实业公司的领导者在给莫尔先生的信中，谈到了未来的大学毕业生的问题。他说："我们的主要兴趣是寻找那些在管理上有突出能力的人才，因此，我们看重的是个性、智力和人格素质，而不是特定的教育背景。"

建议设立"实习制度"

莫尔先生建议设立一种"实习制度"，让学生在暑假到办公室、商店和各个行业中实习。他认为，经过两三年大学学习后，应该要求每个学生"选择一门面向未来的课程，制止学生满足于在非专业课程的学习中放任自流"。

他说："高等院校必须面对这样一个事实，即各行各业现在需要的都是专业人才。"他督促教育机构直接承担职业指导的责任。

对那些需要接受学校专业教育的人来说，最可靠、最可行的求知途径是多数城市中开设的夜校。全美只要邮件能送达的地方，都设有提供专业培训的函授学校，课程覆盖能进行函授教学的所有科目。函授学习的一大优势是它的灵活性，学生可以在业余时间学习。另一个优势是，函授学校会大力提供咨询便利，这对那些需要专业知识的学生有着十分重要的意义。无论你住在何处，都可以从中受益。

收款的教训

任何不经过努力、不付出代价就得到的东西，不能给人带来荣誉感，也往往不被珍惜。也许正是因为这个原因，我们才在公立学校大好的学习机会中收获甚微。从专业学习的特定课程中，一个人可以学会自律，在某种程度上弥补在免费获得知识时浪费的机会。函授学校是组织有序的商业机构，它们的学费低廉，所以坚持要求及时缴费。在缴费的作用下，学生不论成绩优劣，都会读完全部课程，否则有些学生可能会中途辍学。函授学校从不过多强调这一点，因为它们的收费部门在决策、速度和善始善终的习惯上，为学生做出了最好的榜样。

45年前，我从自身的经验中体会到了这一点。当时，我申请了一项在家学习的广告函授课程。上完8次还是10次课之后，我停止了学习，但学校还是不断地给我寄来账单。而且，不管我是否继续学习，学校坚持让我缴费。于是我想，如果必须缴费（从法律上说，我必须这样做），那我应该完成这份学业，对得起我花的钱。当时我觉得，学校的收款制度组织得真是太严密了，但我在以后的生活中认识到，那是我享受的最有价值的培训。因为不得不缴费，我坚持学完了所有课程。我极不情愿地接受完广告课程的培训后，发现学校的高效收款制度如果用钱这种形式来衡量，那么它的价值是不可估量的。

专业知识之路

据说，美国拥有世界上最先进的公立学校制度。人类很奇特的一点就是，他们只珍惜那些需要付费的东西。美国的有些学校和图书馆并不吸引人，因为它们是免费的。这就是许多人毕业工作后认为有必要再接受培训的主要原因，这也是许多雇主支持雇员进行函授学习的主要原因。他们知道，任何一个愿意牺牲业余时间去学习的人，他的身上通常具备一个领导者的素质。

而那些不想补习知识的人则有一个弱点，那就是“不思进取”这个通病！那些安排业余时间在家学习的人，尤其是那些靠薪水为生的人，很少会满足于久居低层职位的现状。他们的行动为自己开辟了一条晋升之路，清除了前进道路上的障碍，赢得了有权给予他们机会的人的青睐。

其中，在家学习的培训方法尤其适合那些有工作的人。因为离开学校后，他们发现必须补充专业知识，但又无暇重返学校学习。

斯图亚特·奥斯汀·威尔原来的专业是建筑工程，他一直在从事这个职业，直到“大萧条”时期，经济限制了这一市场，他无法再获得所需的收入。他分析了自身条件，决定改行从事法律工作。他重新回到学校，接受专业学习，使自己具备做一名企业律师的资格。他完成了学习，通过了律师资格考试，很快开设了收入丰厚的律师事务所。

也许有人会说，“我无法回到学校继续学习，因为我要养家糊口”，或者“我年龄太大了”。那么在此我可以再提供一些信息，威尔先生重返学校时，已经过了不惑之年，也要养家糊口。此外，由于威尔先生在各大学选择讲授的科目中挑选了高度专业化的课程，所以他在两年内就完成了大部分法律专业学生要用四年完成的学业。所以，掌握获取知识的途径，意义重大。

创造财富的简单构想

让我们分析一个具体实例。

一个杂货铺的售货员突然被解雇了。由于有些记账经验，他又学习了专业课程，掌握了最新的记账和办公知识，于是开始自己经营生意。他从以前雇用他的杂货商做起，和100多位小商人签订合同，每月以极低的费用为他们记账。这一构想非常实用，他很快发现需要在轻型货车上开设一间流动办公室，他还在这间办公室里装配了现代记账设备。他现在有一个“车轮”上的办公队伍，雇用了大量助手，让那些小商人用最少的钱获得了最佳记账服务。

专业知识，加上想象力，是这个独特而成功的企业的制胜要素。去年，这位业主上缴的收入所得税，是当年被解雇时薪酬的10倍。

这个成功企业的起点就是一个构想！

由于我有幸给这位失业的售货员提供了那个构想，现在我想，如果有幸再提出一个构想，可能会创造更多的收入。

听到为解决失业问题提出的计划时，这位售货员脱口而出：“我喜欢这个想法，但不知道怎么把它变成现金。”换言之，有了这个构想后，他苦于不知如何推销自己的记账知识。

这样，又产生了另一个必须解决的问题。在一位打字员的帮助下，他整理了自己的构想，做出了一本引人注目的手册，介绍了新记账系统的优点。每一页纸都打印得清晰整齐，贴在一个普通的剪贴簿内。它就像一个无声的促销员，有效地介绍了这项新业务的内容，结果使它的主人得到了应接不暇的记账业务。

寻找理想工作的真经

美国有数千人需要推销专家的服务，这些专家在推销个人服务时，能提供一份极具诱惑力的宣传手册。

下面要介绍的构想源自一个紧急需要，但它并未停留在只为一个人服务上。创造这一构想的女人具有非常敏锐的想象力，她产生了建立一个新生职业的构想，那就是为成千上万推销个人服务的人提供实用指导。

由于第一个“推销个人服务准备计划”取得了立竿见影的效果，这位精力充沛的女人受到了激励，转而开始为自己的儿子解决类似问题。她的儿子刚刚大学毕业，但苦于无处推销自己。她为儿子设计的计划，是我所见过的个人推销服务计划中最为出色的范例。

这本计划手册包含了50页打印精美、组织得当的内容，介绍了她儿子的天赋才能、教育程度、个人经历等信息。这份计划手册中还全面介绍了她儿子渴望得到的职位，并用优美的文辞勾画出为胜任这一职位制订的确切计划。

这本手册的完成历时几周。在此期间，她几乎每天都让儿子到公共图书馆，查询能让自己的服务实现最大价值的资料。她还让儿子到未来雇主的竞争对手那里，收集有关他们经营方式的重要资料，这对于胜任未来理想职位的计划颇有价值。这份完成的计划，包括了七八项符合未来雇主用途和利益的绝佳建议。

你不需要从最底层做起

有人可能会问：“找工作为什么要这么麻烦？”

答案是：把一件事情做好就不能怕麻烦！那位女士为了儿子的利益所做的计划，帮他在第一次面试时，按照他既定的薪水找到了理想的工作。

此外，还有一点非常重要——这个职位不要求他从最底层开始做起。一开始，他就担任初级主管之职，领主管级薪水。

“为什么要这么麻烦？”

有一个原因就是，这个年轻人有计划的求职方式为他节约了至少10年时间，否则他就要从最底层开始做起。

从最底层开始做起，然后慢慢往上爬的想法，听起来很有道理。但我们之所以要反对这种想法，主要是因为从底层开始做起的人大多没有崭露头角的机会，因而他们始终处于最底层。还应该记住，从最底层看问题，往往会让人感到前途暗淡，沮丧绝望。它会扼杀一个人的抱负。我们称之为“听天由命”，意思是认命，因为我们形成了日常习惯，而且这些习惯根深蒂固，使我们不再努力摆脱它，抛弃它。这就是有必要跨越一两个级别起步的另一个原因。这样做，我们就形成了关注身边事的习惯，进而去观察他人如何进步，发现机会，并且毫不犹豫地抓住机会。

让不满成为动力

丹·贺尔宾的例子最能说明我的观点。大学时期，他是1930年著名的全国冠军橄榄球队圣母队的经理，当时指挥球队的是已故的纽特·洛克尼。贺尔宾大学毕业时，正值一个很不景气的时期，经济大萧条使得找工作非常难。因此，在投资银行业和电影业虚度了一段时光后，他接受了自己寻找的第一个有前途的工作——以抽取佣金的方式推销电子助听器。贺尔宾知道，什么人都可以从这类工作开始干起，但对他来说，这份工作为他打开了机会的大门。

之后的两年里，他一直干着一份自己并不喜欢的工作，如果他对这种不满不采取任何措施的话，那么他永远也不会超越所从事的工作本身。首先，他瞄准了公司销售经理助理的职位，并且成功得到了这一职位。跨出这一步后，他看到了更大的机会。而且，这个职位也让机会看到了他。

贺尔宾在销售助听器的业务上创造了辉煌的纪录，致使他所在公司的对手，Dictograph（迪多图）公司的董事长安德鲁斯很想了解贺尔宾——这个从历史悠久的Dictograph公司抢走大笔业务的人。他把贺尔宾请来，与之交谈，之后贺尔宾成了该公司助听器部门的新任销售经理。然后，为了考验贺尔宾的能力，安德鲁斯离开公司到佛罗里达州待了三个月，任贺尔宾在新工作中沉浮摸索。当然，他没有沉没！纽特·洛克尼那种不服输的精神激励他全力以赴地投入到工作中，后来他被推选为公司副总裁。这个职位是多数人不辞辛苦地工作10年才能赢得的荣耀，而贺尔宾却在6个月内就轻松实现了这个目标。

通过这整个故事，我想强调的重点是，**不论一个人是升至高位，还是屈居低职，都取决于他对环境的控制能力。**

同事是宝贵的资源

我还要强调另一点，即成败在很大程度上都是“习惯”的结果！我相信，丹·贺尔宾和美国历史上最伟大的橄榄球教练之间的密切关系，在他心中深植了一种求胜的欲望，因为圣母橄榄球队取得举世瞩目的成绩时，依靠的也是这种求胜欲。的确，对英雄的崇拜能使人进步，如果我们崇拜的人是胜利者的话。

我认为，无论是在成功还是失败的环境中，与同事之间的相处都是一个非常重要的因素。在我的儿子布莱尔与丹·贺尔宾磋商职位定位时，我对这一理论的理解得到了证实。贺尔宾先生给布莱尔的起薪只是对手公司的一半。我作为父亲向布莱尔施以压力，并劝导他接受与贺尔宾先生共事的机会，因为我相信，和一个不向逆境妥协的人共事并密切接触，将是一笔永远无法用金钱衡量的财富。

低层职位对任何人来说，都是单调、沉闷、无利可图的。所以我才一再强调，要靠周密规划，避免从底层做起。

利用专业知识实现个人构想

为儿子准备“个人服务推销计划”的那位女士，现在收到了来自全国各地的委托，请她帮助那些渴望推销自己以获得更多财富的人准备类似的计划。

不要以为她的计划纯粹是巧妙的推销术，她不只是凭借这些计划，帮助人们获取了更多的报酬；事实上，她同时兼顾了个人服务买方与卖方的利益，按照这一目标拟订计划，雇员才对得起他得到的薪酬。

如果你富有想象力，而且想寻求更有利可图的出路，那么这个提示或许正是你一直寻找的激励所在。这个构想带来的巨额收入甚至高于那些接受过正规大学教育的医生、律师或工程师的收入。

一个好的构想具有不可估量的价值。

任何构想的支柱都是专业知识。遗憾的是，那些没有获得大量财富的人，拥有更多的专业知识，却欠缺创业的好构想。正是由于这一事实，社会普遍需要能帮助人们顺利推销自己的人，而且这一需求仍在不断增长。能力意味着想象力，它能使专业知识与创业构想相结合，形成合理的计划，从而获得财富。

如果你富有想象力，那么这一章介绍的构想，足以作为你追求财富的起点。记住，专业知识易得，而创新构想难求！

THINK AND GROW RICH

第6章 想象力

智慧的工厂——致富第五步

想象力其实就像个工厂，人类的所有计划都是在这里创造出来的。借助想象力，欲望的冲动得以成形并被赋予行动。

人们常说，没有想不到的，只有做不到的。

借助想象力，人类在过去50年间发现和驾驭的自然力量，超过了此前全部人类历史时期的总和。例如，人类已经征服了天空，与鸟类的飞行本领相媲美。在合理的范围内，人类唯一的局限，在于想象力的开发与使用。然而，人类想象力的开发与使用尚未达到极致。人类只是发现了自己的想象力，而且开始以其最基本的方式应用它而已。

两种想象力

根据其功能，想象力可以分为两种：一种是“综合型想象力”，另一种是“创造型想象力”。

综合型想象力：通过这种能力，人可以把旧有的观念、构想或计划重新组合，推陈出新。这项能力没有任何创造，它只是将经验、教育和观察作为材料进行加工。它是发明家最常使用的能力，但其中也有一些例外的“天才”——当综合型想象力无法解决问题时，他们会进而利用创造型想象力。

创造型想象力：通过创造型想象力，人类的智慧可以被无限拓展。“预感”和“灵感”就是通过这种能力获得的。所有的基本构想或新构想也正是通过这种能力产生的。

创造型想象力会自动发挥作用，其发挥作用的方式将在下一章中介绍。这种能力只有在意识高速运转的情况下，才会发生作用，比如用“强烈欲望”刺激意识的时候。

创造力在使用过程中得到的开发越充分，它就越敏锐。

商界、工业界和金融界的领导人物、艺术家、诗人和作家之所以伟大，正是因为他们发挥了创造型想象力的作用。

综合型想象力和创造型想象力的灵敏度，都会在不断使用中得以开发，就像人体的肌肉与器官一样，都是越用越发达。

欲望只是一种意念，它冲动，模糊而且短暂。在转变为实质等价物以前，它是抽象的，没有任何价值。在将欲望转化为金钱的过程中，综合型想象力是最常被使用的，但必须记住一点，你也会面临需要创造型想象力的情况和环境。

训练想象力

你的想象力可能因为疏于使用而变得迟钝，但也会因为使用而变得活跃、敏锐。这种能力可能因为被闲置而沉寂下来，但它不会消逝。

当务之急是先集中发展综合型想象力，因为这是在化欲望为金钱的过程中比较常用的能力。

把看不见、摸不着的欲望冲动转化为实际、具体的事实、金钱，需要制订一个或多个计划。这些计划的形成必须凭借想象力，而且主要运用的是综合型想象力。

读完整本书后，再回到这一章，你可以立刻运用想象力，形成一个或多个计划，以便将欲望变为财富。制订计划的详细要求，几乎在每一章中都有描述。然后，马上采取行动去执行最适合你需要的指示，并将计划写成文字（假如你尚未做到这一点的话）。写完后，模糊的欲望就有了具体的模样。将前面这个句子再读一遍，大声而且缓慢地念出来。记住，在将欲望和实现欲望的计划写成文字时，实际上你已经在将意念化为其等价物的过程中，走出了重要的第一步。

致富法则

你生活的世界、你本人和其他物质，都是演变进化的结果。在进化过程中，细微的物质按照井然有序的方式被组织和排列。

还有一点，而且是更重要的一点：你身上数十亿细胞中的每一个细胞以及组成物质的原子，皆始于一种无形的能量。

欲望是一种意念冲动！意念冲动就是一种能量形式。当你开始有欲望这种意念冲动，想去聚积财富时，你就是在利用一种“物质”，这种物质和大自然创造出地球及宇宙万物，包括使你产生意念冲动的身体和头脑，它们所用的物质都是相同的。

运用永恒不变的法则，可以创造财富。但是，首先必须熟悉并学会使用这些原则。我希望通过不断重复，从各个可能的角度，来讲述积累所有巨额财富共同使用的秘诀。尽管看来奇特而且似是而非，但这个“秘诀”不是什么秘密。大自然本身就揭示了这个真理。在我们居住的地球上，天空中的行星，每一片叶子以及举目所见的各种生命形式，无一不是如此。

下面的原理将拓展你对想象力的理解。第一次读到这一原理时，它会融入你以前的认知，当你再次阅读并且分析它时，你会发现自己的思路更清晰了，也更能全面地理解它。最重要的是，在你阅读这一原理时，不要停下来，也不要迟疑，直到将此书至少读过三遍以后，你自然就会欲罢不能了。

如何实际运用想象力

构想是所有财富的起点，构想也是想象力的产物。让我们一起看几个带来巨额财富的伟大构想，希望这些例子能传达一些信息，教给我们使用想象力积累财富的方法。

魔法壶

50年前，一个农村老医生驾着马车，来到镇上。拴好马后，他从后门悄悄地溜进药房，开始和年轻的药店雇员进行“交易”。

老医生和雇员在配药柜台后面，低声地谈了一个多小时。然后医生出了门，来到马车旁，拿回一个老式大茶壶和一把木制的大勺子（搅拌壶内的东西用的），放在药店后面。

药店职员检查过茶壶后，把手伸进口袋，拿出一卷钞票交给医生。那卷钞票是整整500美元——这个雇员的全部积蓄。

医生交给他一张纸条，上面写着一则秘方。纸上的文字价值连城，但对医生却不值钱！那些神奇的文字是用来使茶壶里的水沸腾的，但医生和年轻的雇员都不知道，从这个壶里会流淌出什么惊人的财富来。

医生很乐意以500美元的价钱出售他的设备，雇员则甘冒风险将毕生所有的积蓄押注在一张小纸片和一个老茶壶上！他做梦也没想过，他的投资会使一个老茶壶生出“黄金”，这种神奇的效果不亚于阿拉丁神灯。

应该说，职员真正买到的是一个构想。

老茶壶、木勺和纸上的秘密信息都是偶然的。茶壶的新主人在秘方中加入了一种老医生全然不知的成分后，奇迹发生了。

看看你能否发现，年轻人究竟在那个秘方里面添加了什么东西，使得茶壶满溢出“黄金”来。虽然这个故事听起来比童话还要神奇，但这是个始于构想的真实故事。

让我们看看这个构想带来的惊人财富。世界各地都在把茶壶内所装的东西提供给数百万人消费，它过去很值钱，现在依然如此。

这只老茶壶现在是全世界最大的糖业消费者之一，因而给那些从事甘蔗种植、提炼和销售的成千上万人以永恒的职业。

这只老茶壶每年消费数以百万计的玻璃瓶，因而给大批玻璃工人提供了就业机会。

老茶壶还给美国数目庞大的店员、速记员、广告撰稿人以及广告专家提供了工作。几十位艺术家创造出精美的图片，来描绘其产品特性，并因此名利双收。

老茶壶使一个南方小城摇身一变成为南部的商业之都。该市的各行各业以及每一位居民都是它的受益者。

现在，这一构想的影响力惠及全世界各文明国家，它源源不绝地流淌出财富，送给那些接触到它的人。

基于老茶壶的财富，人们还创建了一所学院，它是南部地区最卓越的学院之一，有数千位年轻学子在那里接受成功必备的培训。

如果那只老茶壶里的东西会说话，它一定会以各种语言说出令人兴奋的浪漫故事，诸如爱情罗曼史、商业传奇以及职场的成功故事等。

我至少确切地知道其中的一则罗曼史，因为我就是故事的主角之一，而故事就发生在离药店雇员购买老茶壶的地点不远之处。我就是在那里遇到了自己的人生伴侣，而且从她口中第一次听到了神奇茶壶的故事。当我向她求婚，请求她“无论好坏”全盘接受我这个人的时候，我们喝的就是那只老茶壶中的产品——可口可乐。

无论你是谁、身在何处、从事什么工作，每当看到“可口可乐”这几个字的时候，请记住，这个财力雄厚、影响力强大的帝国，就产生于一个构想。还有，那个药店雇员阿萨·坎德勒添加在秘方里的神奇成分，就是想象力。

暂停片刻，想一想这个例子。

还要记住，书中描述的致富步骤是一种媒介，通过它，可口可乐的影响力才能扩展到大街小巷；还要记住，任何你创造出来的构想，都可能和可口可乐一样“合理而有价值”，都有可能再创辉煌。

假如我有100万美元

下面的故事证实了那个古老的谚语——“有志者，事竟成”。我热爱的教育家兼牧师、已故的弗兰克·冈萨拉斯让我懂得了这个道理。当时，他从芝加哥的畜牧区开始了传道事业。

冈萨拉斯先生念大学时，发现当时的教育制度存在很多弊端。他相信，如果自己当校长，一定可以纠正这些问题。

于是他下定决心筹建一所新大学，这样他就可以实现自己的理想，而不必受制于传统的教育方式。

要实行这个计划需要100万美元，可他到哪里去筹集这笔钱呢？这个问题一直萦绕在他心头，困扰着这位雄心勃勃的年轻牧师。

他似乎一筹莫展，没有任何办法。

每天晚上，筹建新大学的念头都要随他入梦，早晨和他一起醒来。无论走到哪里，这个念头总是如影随形，挥之不去。他不停地思来想去，以致这成为他心中唯一的“意念”。

作为学者兼牧师，冈萨拉斯先生和任何成功人士一样认识到，“明确的目标”是起步的必要出发点。他还认为，当一股炽烈的欲望支撑着一个明确的目标时，一个人就会被激发出内在的热情、生机和力量。

这些大道理他都懂，但他不知道该从何处或如何获得这100万美元。在这种情况下，一般人会很自然地选择放弃，还会想：“啊，算了，我的构想虽好，但是这有什么用，我永远也筹不到所需的100万美元。”这的确是大部分人会说的话，但冈萨拉斯并没有这么说。他之后所说的话以及他所做的事，皆意义深远。所以，我现在郑重介绍他，并由他亲口来讲述：

> 一个星期六下午，我坐在房间里，心里想着该如何筹钱，以实现计划。有近两年的时间，我都在想这个问题，然而除了想之外，我并未采取任何行动！
>
> 现在是该行动的时候了！
>
> 就在那时，就在那里，我下定决心，一定要在一周之内获得所需的100万美元。怎么办呢？我还没想好。关键是要有在一定时间内获得这笔钱的决心。而且，就在我下定决心准备在一定时间内获得那笔钱的刹那间，一种强烈的自信涌上心头，那是我以前从未有过的感

觉。我内心似乎有个声音在说："你早就该下定决心，那笔钱早就在等着你了！"

事情进展得很快。我打电话给一家报社，宣布我第二天早上将要布道，题目是："如果有100万美元，我会用来做什么？"

我立刻着手准备这次布道词，不过坦白地说，这个任务并不难，因为两年来，我一直在为这次布道做准备。

我很早就准备完毕，满怀信心地进入梦乡，因为我仿佛看到自己已经拥有了那100万美元。

第二天早上，我起了个大早，走进洗手间，朗读了布道词，然后屈膝祈祷，希望这次布道能引起某个人的注意，让他提供我所需的这笔钱。

祈祷时，我再次体会到这笔钱一定会出现的信心。我满怀兴奋地走了出来，却忘了带布道词，直到站在讲坛上准备开始布道时才发现。

当时回去已经太迟了，然而来不及去取竟是一件幸事！其实，我的潜意识自动提供了我所需的资料。当我起身布道时，我闭上双眼，全心全意地诉说着我的梦想。我告诉他们，假如我手中有100万美元，就可利用它来实现我的梦想。我把心中的计划描绘给他们听，告诉他们我想筹建一所优秀的教育机构，教授学生实用的知识，全方位培育人才。

当我讲完坐下来时，一个坐在大约倒数第三排的人慢慢地站起身来，走向讲坛。我心里纳闷儿他要做什么。结果，他走近讲坛，伸出手说："牧师，我喜欢你的布道。我相信，假如你有100万美元，一定会实现你的承诺。为了证明我对你的信任，明天早上请你到我的办公室来，我给你100万美元。我叫菲利普·阿穆尔。

于是，年轻的冈萨拉斯来到阿穆尔先生的办公室，拿到了100万美元。他用那笔钱建立了阿穆尔理工学院，即现在的伊利诺伊理工学院。

那笔急需的100万美元就是构想的结果，而支撑这个构想的就是年轻的冈萨拉斯在心中酝酿了近两年的目标。

请注意一个事实：当他下定决心要实现这个目标，且确定了实现目标的计划之后，不到36个小时，他就得到了这笔钱。

年轻的冈萨拉斯希望获得100万美元的模糊且微弱的念头并无任何特殊之处，许多人也都有过类似的念头。但是，他的特殊之处在于：他将模糊不清的想法具体化，并明确地说出："我要在一周之内得到这100万美元！"

不仅如此，冈萨拉斯获得100万美元的原则至今仍然适用。所以，这一原则也可以为你所用！如同当初年轻牧师使用这一原则时的情况一样，这个神秘的法则至今依然有效。

变构想为金钱

请注意一下阿萨·坎德勒和弗兰克·冈萨拉斯博士共同具有的特征。他们两人都懂得一个惊人的道理，即**通过明确的目标和明确的计划，便可以变构想为金钱。**

假如你认为辛苦工作和诚实守信是唯一的致富之道，那么你一定要打消这个念头！这种想法是错误的，大笔财富绝非仅靠辛苦工作才能得到。最终获得的财富是对明确需求的回应，其基础在于运用明确的原则，而非仅靠机会和运气。

一般来说，构想是凭借想象力驱使行动的一种意念冲动。所有杰出的推销员都知道，构想可以帮助他们售出卖不掉的商品。一般的销售员不懂得这一点，这也是他们之所以“平凡”的原因。

一位廉价书出版商发现，许多人买的是书名，而不是书的内容。只要将一本不太吸引人的滞销书的书名修改一下，而书的内容无须改变，那本书的销售量便可升至百万册以上。他只不过是撕去印有不具卖点书名的封面，重新贴上了颇具票房效应书名的封面而已。

这个行为看起来非常简单，但它其实就是一个构想，一种想象力！

构想没有标准价格。构想的创造者可以自定价格，而且如果他足够聪明的话，也可以得到理想的价格。

每一笔巨额财富背后的故事，其实都始于构想创始人与构想推销人的默契合作。卡内基身旁簇拥着一群能为其所不能的人，他们创造构想，并推动构想，使卡内基获得了令人难以置信的财富。

有很多人一生都盼望着拥有幸运的“机会”。好运或许能给人带来机会，但最可靠的计划不能靠运气。说说我自己吧，幸运的确给我带来了人生的机会，但在机会变为资产之前，我所倾注的是25年不懈的努力。

“机会”使我幸运地遇到了安德鲁·卡内基，并得到他的鼎力相助。那一次，卡内基在我心中植入了一个构想，就是将创造成就的原则组织为成功的哲学。这25年的研究成果使得千万人因此受益，而且通过应用这一哲学，出现了许多致富的例子。它的起点其实很简单，那就是任何人都能创造出来的构想。

好运来自卡内基，但坚定的决心、明确的目标、实现目标的决心以及25年的坚毅努力来自哪里呢？一般的欲望不可能战胜失望、气馁、暂时的挫折及批评，那是一种强烈的欲望，一种萦绕于心、挥之不去的意念！

卡内基先生最初将这个构想植入我的心中后，我就努力培育它、呵护它，促使它不断茁壮成长。慢慢地，构想在其本身的力量下，长成了巨人，并反过来引导我、关照我、激励我。构想的确就是这样——最初是你赋予构想以生命力、行动和指导，而后它们依靠自身的力量扫除了所有障碍。

构想是一股无形的力量，却比产生它们的有形的头脑更强大。

THINK AND GROW RICH

第 7 章　精心策划

化欲望为行动——致富第六步

你已经懂得，人们创造或获得的任何东西都是以欲望的形式开始的。欲望是这一旅程的起点，从抽象到具体，然后进入想象力工作室。实现欲望的计划就是在这一工作室内被创造出来，并在此得到了组织与整理。

第二章教你如何采取6个明确、实际的步骤，将欲望化为金钱。其中一个步骤就是要形成一个或多个明确、实际的计划，并通过这些计划，实现欲望。

现在，我要教你如何构建实用的计划。

1. 根据需要，汇集人才，以积累财富为目的，着手筹备和实行计划——你可以利用后面一章中讲述的智囊团原则（遵循这项指示绝对必要，千万不要忽视这一点）。

2. 组成智囊团之前，先明确你可以向这个团队中的成员提供何种好处或利益，以回报他们的合作。没有人愿意在没有任何报酬的情况下无限期地工作，也没有任何一个聪明人会在无利可图的情况下要求或期望他人为自己工作，当然报酬不一定都以金钱的形式存在。

3. 安排与智囊团成员聚会，每周至少两次或多次（可能的话），直到你们同心协力完成一项或多项致富计划为止。

4. 使自己与智囊团中的每个成员保持和谐的关系，假如你不能严格遵循这项要求，则可能遭遇失败。没有完善和谐的关系，就无法应用这项智囊团原则。

记住以下事实：

> 你正在从事一项对你很重要的工作。要确保成功，就必须拥有完美无缺的计划。
>
> 你必须借助他人的经验、教育、才能与想象力，每一个成功致富的人都曾经采用过这种方法。

没有人不需要与他人合作，就能拥有充分的经验、教育、才能和知识，就能确保获得丰厚的财富。在积聚财富的努力中，你所采取的计划应该是你自己与全体智囊团成员共同的心血结晶，你计划的全部或一部分，也许是你自己拟定的，但那些计划书必须经过智囊团小组成员全体通过，才可付诸实施。

第一个计划失败了，就再尝试第二个计划

如果你采用的第一个计划不成功，可以再拟一个新计划，如果新计划再失败，那么再换一个，依此类推，直到制定出有效的计划为止。大部分人会遭遇失败的关键，是由于缺乏创造新计划来取代失败计划的持久毅力。

没有实际有效的计划，即使最精明的人也无法成功致富或成就其他事业。当计划失败时，你要明白，暂时的挫折并不代表永远的失败。它可能意味着你的计划还不够完善，那么再拟订一个计划，重新开始。

暂时的挫折只意味着一件事：你的计划中显然有某些缺陷。很多人一生不幸、贫苦，只是因为他们缺乏致富的完善计划。

例如，詹姆斯·希尔努力筹措资金，建造横贯东西的铁路

时，也曾遭遇过暂时的挫折，但后来他通过新计划转败为胜。

亨利·福特不只在汽车事业之初，甚至在事业几近巅峰之时也曾遭遇过暂时的挫折，但他重新拟订计划，继续朝成功迈进。

看到别人发财致富时，我们经常只看到他们胜利的结果，却忽略了他们在成功前克服的各种挫折与失败。

支持这一哲学的人总需经历一些暂时的挫折，才有望致富。遭遇挫折时，把它当成一种警示，意识到你的计划尚不完善，只需重新拟订计划，就可以再度奋起，实现渴望的目标。如果轻易放弃，你就是个半途而废的人。

一个半途而废的人，永远不可能成功；成功的人，绝不会半途而废。

把这句话用大字写在纸上，放在你经常能看得到的地方。

挑选智囊团成员的时候，尽力挑选那些能轻松面对挫折的人。

有些人愚蠢地认为，只有钱才能赚钱，这是不对的！运用书中的原则，可将欲望转化为金钱，所以欲望才是赚钱的媒介。钱本身只不过是无生命的物质，它不会动、不会思考，也不会说话。但当一个人强烈渴望得到它、召唤它时，它却能“听得到”，随后应声而至。

完善自我

不管采取何种方式，制订合理、巧妙的计划都是成功致富的必要条件。下面就为那些需要以推销为业的人提供详细的行动指南。

你应该知道，实际上，任何积累巨额财富的人，都开始于通过提供个人服务或推销构想而取得酬劳。如果一个人没有财产，那除了销售其构想与个人服务以换取财富之外，还有什么办法呢？

在学中做

总体而言，**世界上有两种人，一种是领导者，另一种是追随者**。在职业生涯中，你一开始就要决定，自己要做一名领导者还是一名追随者。两者之间的报酬可是天壤之别，虽然许多追随者错误地期望得到与领导者相同的报酬，但这一点是永远不会实现的。

做一名追随者并不丢人，但反过来说，一直都当追随者就不那么光荣了。大部分领导者一开始也都是追随者的身份，之所以能成为领导者，是因为他们都是聪明的追随者。无法聪明地追随领导者的人也无法成为有力的领导者；那些有效地追随并学习领导者的人，通常能迅速培养自己的领导才能。聪明的追随者有很多优势，其中之一就是拥有向领导者学习的机会。

领导者的主要素质

以下是成为领导者的重要素质：

1. 因对自我以及所从事职业的认知而产生的毫不动摇的勇气。没有任何一位追随者愿意接受一个缺乏自信与勇气的领导者的支配。聪明的追随者不会长期受这种领导者的控制。

2. 自制力。无法控制自我的人永远无法控制他人。自制力可以为追随者树立有力的榜样，聪明的人会努力效仿。

3. 强烈的正义感。如果没有公平与正义感，领导者就无法指挥追随者，无法得到他们的尊敬。

4. 果断的决策。政策摇摆、举棋不定表明对自己没有信心，这种人无法成功地领导他人。

5. **明确的计划**。成功的领导者必须规划工作，并身体力行。一个领导者如果只凭臆测行事，而没有实际、明确的计划，就好比一艘无舵的航船，迟早会触礁。

6. **不计报酬的工作习惯**。作为领导者，要付出的代价就是必须以身作则，甘愿比手下人做更多的工作。

7. **愉悦随和的个性**。一个散漫、草率的人不会成为成功的领导者。领导权需要得到尊重。不重视培养随和个性的人也得不到下属的尊重。

8. **同情与体谅**。成功的领导者必须对下属有同情心。此外，他还必须理解下属，体谅他们的困难。

9. **掌握细节**。成功的领导者需要掌握领导职位涉及的各项细节。

10. **愿负全责**。成功的领导者必须甘愿为下属所犯的错误与过失承担责任。假如他企图推卸责任，那么他的领导地位就无法保全。假如下属中有人犯了错误且无法胜任他的职位，领导者就必须认为这是自己的失败。

11. **合作**。成功的领导者必须明白和运用团队合作的原则，还要引导下属也这样做。领导地位需要权力，而权力需要合作。

领导方式有两种。第一种也是最有效的一种，是能引起下属情感共鸣与认同的领导；第二种是无法引起下属情感共鸣和认同的霸道领导。

历史上的诸多例子表明，强权领导不会持久。封建帝王与独裁者的没落与消亡就是最明显的例子，它说明人们不会无限期地盲目顺从霸权领导者。

拿破仑、墨索里尼、希特勒等人就是霸权领导者的例证。得到追随者的认同才是唯一能持久的领导方式！

人们可能会暂时顺从霸权的领导者，但他们并非心悦诚服。

具备以上11种素质的领导者，在任何行业中都能得到更多的领导机会。

领导失败的十大原因

我们现在来探讨一下导致领导失败的10项失误，因为知道不该做什么与该做什么同等重要。

1. **无力驾驭细节**。高效领导需要具备组织和控制细节的能力。真正的领导者绝不会因为"太忙"而无法完成其分内的工作。一个人无论是领导者还是下属，如果承认自己"太忙"而无法改变计划，无法注意到任何紧急情况的话，就无异于承认自己无能。成功的领导者必须能掌握任何与职位有关的细节。当然，这也表明，他必须培养将事务向下分工的习惯。

2. **不愿从事卑微的工作**。真正伟大的领导者会视情况需要，自愿从事他要求下属做的任何事情。最伟大的领导是众人之仆，能干的领导者会注意且谨遵这一真理。

3. **期待靠知识而非靠运用知识的行动有所收获**。世界不会因为你"知道"什么而给予你回报。得到回报的是那些愿意身体力行，能督促别人身体力行的人。

4. **害怕下属超过自己**。害怕下属可能会取代自己的领导者，早晚会让恐惧成为现实。能干的领导者会培养接班人，并且乐意将此职位的任何细节托付给他。只有这样，领导者才有可能分身兼顾多处细节，并能同时注意到多项事务。有能力分权的人所得到的报酬往往比事必躬亲的人得到的报酬更丰厚，这是永恒不变的事实。有能力的领导者可以通过自己的工作知识和人格魅力大幅提高他人的效率，而且他人在其指导下提供的服务远远优于没有得到协助之前的状况。

5. **缺乏想象力**。没有想象力，领导者就没有应付紧急状况的能力，就无法制订有效领导下属的计划。

6. **自私**。因为下属的工作而邀功、自揽光环的领导者必定招致怨恨。真正伟大的领导者不会邀功。他乐于将任何荣耀归于下属，因为他知道，多数人会因为赞赏和肯定而努力工作，而这超过了纯粹为金钱而工作的程度。

7. **放纵无度**。下属不会尊重一个放纵无度的领导者。此外，任何一种放纵都会损害放纵者的耐力和活力。

8. **不忠**。这一点或许应该摆在清单的第一位。如果领导者不能对公司、同事（包括上司和下属）忠诚的话，他将无法久居领导地位。不忠的人使自己变得轻贱，且注定会受到众人的蔑视。不忠在各行各业中都是失败的主因。

9. **强调领导权威**。有能力的领导者会以鼓励而非威慑来领导下属。企图在下属心中巩固领导者的“权威”。真正的领导者不需刻意凸显权威事实，只需以行为表现同情、体谅、公正以及对工作的胜任等。

10. **过分看重头衔**。能干的领导者不需头衔就可以赢得下属对他的尊敬。太注重头衔的人通常是因为他们别无其他可夸耀之处。真正的领导者的办公室随时对他人保持开放，而且他们的办公区域不拘形式、朴实无华。

以上是领导失败比较常见的原因，其中任何一项缺失都足以招致失败。假如你立志成为领导者，那么请仔细研究这份清单，以确保自己不会犯这些错误。

新型领导者的领域

在结束本章之前，请再注意这几个潜在的领域。在这些领域中，旧的领导方式渐趋过时，新型领导者具有更多的机遇。

1. 政治领域永远都需要新型领导者，而且是一种近乎紧迫的需要。

2. 银行业正处于改革之中。

3. 产业界需要新型领导者。未来在产业界能够持久的领导者必须视自己为准公共性质的公务员，其职责是在不损害个人或团体利益的情况下经营企业。

4. 法律、医学和教育界将需要新型领导风格，在一定程度上还需要新的领导者，这一点在教育界尤为严重。未来教育界的领导者必须寻找有效的方法，教导人们如何应用在学校所学的知识。教育必须多讲实践，少讲理论。

5. 新闻界也需要新型领导者。

世界正在快速变化，这表明，改变人类习惯的媒介也必须顺应变革需要。这里所说的媒介，比其他因素更能决定文明的趋势走向。

应聘职位的时机和方法

经验表明，以下媒介是最直接、最有效的渠道，它让个人服务的买主与卖者各取所需。

1. 职业介绍所。你必须精心挑选信誉良好的职业介绍所，它们的管理纪录令人满意，但是这样的职业介绍所相对较少。

2. 报纸、商业刊物、杂志的广告。应聘秘书或一般工作的人可通过分类广告得到满意的结果。寻求主管级工作的人适合刊登醒目的求职广告，以引起雇主的注意。这种广告应由专家来设计，因为他们懂得如何在求职广告中注入足够的卖点，并获得回应。

3. 个人求职信。这种信通常写给特定的公司或个人，也就是最有可能需要你提供服务的对象。你应该将这些信整洁地打印出来，并亲自签名。随信应附上完整的"简历"或求职者的资历摘要。求职信和简历都需要由专家为你准备（参看下文"书面简历应该提供的信息"）。

4. 通过熟人求职。如果有可能，应聘者应尽量通过共同的熟人接触未来可能的雇主。这种接触方式特别有利于那些欲觅主管职位，但又不愿意推销自己的人。

5. 毛遂自荐。有时候，如果求职者毛遂自荐，主动表示愿意为可能的雇主服务，可能效果更佳。这时你应递上一份完整的书面简历，因为雇主通常喜欢与同事讨论求职者的情况。

书面简历应该提供的信息

简历应该精心准备，就像律师为即将在法庭上审理的案子做准备那样仔细。除非求职者本身有准备这种简历的经验，否则最好请教专家，借助其服务以达到目的。成功的商人会雇用懂得广告艺术及心理学的人，以展现出商品的优点。同样，推销个人服务也是如此。简历中应该体现以下信息：

1. 教育背景。简明扼要地叙述曾上过的学校、专业以及学习这一专业的理由。

2. **工作经历**。假如有与目前应聘职位相关的经历，就完整地叙述出来，并写明以前雇主的姓名和地址。记住，要清楚地写出任何你能胜任该应聘职位的特殊经验。

3. **推荐信**。实际上，每个公司都渴望尽可能了解其雇员，包括他们过去所有的职业记录、经历等资料。在简历中应该附上如下人士的复印信函：

- 以前的雇主。
- 教过你的老师。
- 值得信赖的著名人士。

4. **附上一张本人免冠近照。**

5. **明确的应聘职位**。不要只说申请工作，而不明确说明应聘哪个特定职位。千万别说“任何一个职位都可以”，因为那样表明你缺乏专业资格。

6. **说明你胜任某个职位的理由**。详细列举出认为自己符合该特定职位的理由，这是申请表中最为重要的细节，比任何东西都能决定你被重视的程度。

7. **提议接受试用**。这看起来是个很基本的提议，但经验证明，它至少能赢得一个试用的机会。假如一个人对自己的资历非常自信，那么试用就是你唯一的要求了。顺便告诉你，这样的提议表明你相信自己能胜任这一工作，这也是最具说服力的一点。要确信自己的提议基于下列理由：

- 自信能胜任这一职位。

- 自信这位可能的雇主在试用后会雇用你。
- 得到这一职位的决心。

8. 对未来雇主的业务有所了解。申请一项工作之前，应充分研究与此工作相关的知识，使自己彻底熟悉这门业务，并在简历中叙述你对此行业已有的认知。此举将令人印象深刻，因为它表示你有想象力，而且对此职位真正感兴趣。

记住，能赢得官司的不一定是最懂法律的律师，而是对案子准备最充分的律师。假如你适当地准备并充分地陈述理由，那么你在一开始就已经成功了一半。

不要担心简历过长。雇主物色合适的求职者花费的心思和你为了获得工作而花费的心思一样多。事实上，最成功雇主的主要成就，就是他们有能力挑选合格的助手，他们当然想得到所有的资料。

此外还要记住一点：一份整洁悦目的简历，足以表现出你是个做事细心、肯下功夫的人。我曾帮几位客户准备过简历，由于这些简历非常出色，使得应聘者不需面谈就获得了工作。

完成简历之后，要把它们整齐地装订起来，并书写或打印成类似这样的格式：

> 个人简历
>
> 申请人：罗伯特·史密斯
>
> 拟应聘职位：布兰克公司总裁私人秘书

每次递交简历时都要更换相应的名称。

这种明确应聘公司名称的方式一定会引起他人的关注。把简历清晰地打印在纸上，并做一个活页封面，如果你不只应聘一个公司，则要适时在封面上替换公司名称。另外，将照片贴在简历上。严格按照这些要求做，并且根据自己的想象力进一步充实简历。

成功的推销员懂得用心修饰自己，懂得第一印象的重要性。你的观念就是你的推销员，给它穿上一套漂亮的外衣，这样在求职的时候，你就能给潜在的雇主留下鲜明印象。而且，如果你把自己推销给一个雇主的时候，用你的个人特质打动了他，那么你最初得到的薪水将高于用通常的求职方式得到的薪水。

如果你通过广告或职业中介求职，那么请代理人使用你的简历作为推销媒介，这会让代理人和未来的雇主更好地了解你。

如何得到理想的职位

人人都愿意做适合自己的工作。画家喜欢涂抹颜色，手工艺者喜欢动手，作家喜欢写作。现代社会的优点就在于它提供了广泛的就业选择。

1. 明确自己想从事的职业。如果不存在这样的职业，也许你可以自己创造一个。

2. 明确自己想在什么公司或为哪个人工作。

3. 了解未来雇主的政策、人事和晋升机会。

4. 通过自我剖析，分析自己的天分和能力，明确自己能做什么，然后设法展示你的个人优势、服务和构想。

5. 不要只想有个“工作”。不要想是否有机会，不要抱有“你可以给我一份工作吗？”这样的惯常想法。应该**关注自己能做什么。**

6. 心中有了计划后，条理分明、内容详尽地把它写在纸上。

7. 把计划递交给有权雇用你的人，剩下的事就由他来决定了。每个公司都希望得到有价值的人才。

这个过程可能需要花费几天或几周的时间，但这样做取得的收入、晋升机会和被认同的程度不可忽视，这是数年低薪而辛苦的工作可能都无法换来的。这种做法有很多益处，最主要的益处在于，它能让你在实现某个具体目标的时候节省1~5年的时间。

每个一开始就这样做或者半路采取这种做法的人，经过精心策划，都会取得事半功倍的效果。

推销服务的新方法

为了将来取得最大利益而推销自我的人，必须认识到雇主与雇员关系的变化。

雇主与雇员的未来关系会更像一种伙伴关系，其中包括：

1. 雇主
2. 雇员
3. 二者共同的服务对象

这种个人推销的方法之所以说它新，原因有很多。首先，未来的雇主和雇员可被视为共事者，他们共同的事业是有效地为大众服务。过去，雇主与雇员之间总是针锋相对，双方极尽能事讨价还价，而他们没有考虑过，归根结底的受害者是第三方，是他们共同的服务对象——大众。

“礼貌”和“服务”是今天商业中的口头禅，与其说它们适用于那些雇主，不如说更适用于那些正在推销个人服务的人，因为归根结底，雇主与雇员都受雇于他们服务的大众。如果不能提供良好的服务，那么他们将失去为大众服务的良机。

我们都还记得，过去查煤气表的人会重重地敲门，其力量之大简直可以把门上的玻璃震碎。门一打开，他就会不请自入，径直闯进去，板着面孔，仿佛在说：“怎么这么久才开门？”这一切正在发生变化，查表人现在变成了“愿为您效劳”的绅士。

“大萧条”时期，我在宾夕法尼亚州无烟煤区住了几个月，研究煤炭工业衰败的原因。煤矿经营者与雇员互不让步，结果就是提高了煤炭的价格。最后他们发现，自己为燃油设备的制造商和原油产销者带来了可观的业务。

提出这些例子是想让那些计划推销个人服务的人注意到，我们之所以能得到目前的地位或成就目前这种身份，全是因为我们自己的行为！如果有一个因果原则能操纵商业、金融和运输交通，那么这一原则同样也能掌控个人，并决定他们的经济地位。

你的“QQS”评价如何

在有效而长期推销服务这方面，我们已清楚地说明了其成功的原因。我们必须对那些原因加以研究、分析、理解和应用，否则不可能有效而长期地推销个人服务。每个人都必须做自己个人服务的推销员，所提供服务的质、量和服务中表现出的精神，在很大程度上决定了一个人的工资和受雇期限。要有效推销个人服务（意思是在得到满意的工资和愉快工作环境的前提下，长期被雇用），就必须采用并遵循“QQS”公式，意思就是质量（quality）、数量（quantity），再加上适当的合作精神（spirit），就等于完美的服务推销术。记住“QQS”公式，并且更进一步把它变成一种习惯！

为了准确理解这个公式的含义，我们来分析一下这个公式。

1. 服务质量的意义应该解释为，以永远追求更高效为目标，以最有效的方式，完成和你的职位有关的各项细致工作。

2. 服务数量应该理解为，一种随时提供力所能及的服务的习惯，目标在于通过实践和经验培养更高的技能，以提高服务数量。这里的重点还是“习惯”二字。

3. 服务精神则应该解释为一种愉悦、和谐的举止，它能促进同事和上下级之间的合作。

足够的服务质量与数量，并不足以为你的服务维持长久的市场。你提供服务的行为或精神，才是决定你的薪水与工作能否持久的重要因素。

安德鲁·卡内基在讲述成功推销个人服务的因素时，特别强调了这一点。他反复强调和谐相处的必要性。他强调，除非一个员工能以和谐的精神工作，否则无论他的工作量有多大或工作质量有多高，他都不会雇用这样的员工。卡内基先生坚持雇用个性愉悦、随和的人。为了证实对这一素质的特别重视，他帮助许多符合自己标准的人成为巨富，而不符合标准的人则根本没有机会。

我们已经强调了愉悦的个性的重要性，因为这个特质能使一个人精神饱满地为他人提供服务。

如果一个人具有乐观平和的个性，并且能以和谐相处的方式服务他人，那么这些资产将能弥补服务的质与量上的不足。

服务的资本价值

如果一个人的收入全部来自推销个人服务，那么他和贩卖商品的商人完全一样，而且，这种人遵循的规则和商人也无二致。

我们一直强调这一点，因为大部分以推销个人服务为生的人错误地认为，他们不必遵守商人应该遵循的行为准则和责任。

消极推销的时代已经过去，取而代之的是积极的服务型推销。

如果有效销售你聪明的大脑，那么它所表现的资本形式，比推销商品创造的资本价值更大，因为大脑永远不会因为经济不景气而贬值，而且这种资本也不会被窃取或被花费掉。此外，除非与智能的大脑相结合，否则经营企业必备的资本就会如沙丘般毫无价值。

失败的31项主因

生活的最大悲剧就是人们热切地尝试却屡遭失败。之所以说是悲剧，就在于和极少数成功人士相比，失败的人占压倒性的大多数。

我曾分析过数千名对象，其中98%归于“失败者”的行列。

我的分析表明，失败有31项主要原因，致富有13项原则。本章将讨论这31项失败主因。阅读这些条目时，将它们与自己一一对照，以便找出有多少失败因素阻碍你取得成功。

1. **先天不足**。天生有智力缺陷的人，几乎没有什么办法可以弥补。好在这是31项失败因素里，唯一一项无法通过个人努力轻易弥补的缺陷。

2. **没有明确的生活目标**。没有奋斗的核心目标或明确的努力方向，就没有成功的希望。我分析的人当中，有98%的人不具备这种目标。或许这正是他们失败的主因。

3. **没有非同寻常的雄心抱负**。我们认为，如果凡事漠不关心，不想在人生中求发展，不愿付出代价，这样的人也将成功无望。

4. **教育不足**。这种缺陷相对比较容易弥补。经验表明，最有教养的人，经常是那些自力更生或自学成才的人。要使一个人有教养，需要的不只是大学学位。有教养的人懂得在不侵犯他人利益的前提下，去获得自己想要的东西。要想有教养，不仅需要得到知识，还要有效而持久地应用知识。人得到的回报，来自于"知道"的事物，但更重要的在于"实践"知道的一切。

5. **缺乏自律**。纪律来自自我控制，这意味着人必须控制所有的消极思想。只有先控制自己，才能控制环境。自制是人类面对的最艰巨的任务。如果无法战胜自我，就会被自我征服。站在镜子前面，一个人就可以同时看到自己最好的朋友与最大的敌人。

6. **身体状况不佳**。没有健康，就享受不到取得卓越成就的喜悦。导致健康状况不佳的很多原因是可以掌握和控制的，其中的主要原因有：

- 过度摄取无益健康的食物。
- 错误的思考习惯；对一切持否定的态度。
- 不良性习惯或过度沉溺于性。

- 缺乏适当的体育锻炼。
- 由于各种原因，身体的能量供应不足。

7. **童年时期不良环境的影响**。“树苗不扶正，长大必歪斜”。大部分有犯罪倾向的人，其错误行为都是由童年时期不良环境和交友不慎造成的。

8. **拖延症**。这是失败最普遍的原因之一。拖延症存在于每个人心中的阴暗角落，伺机破坏一个人的成功机会。多数人一生失败，正是因为一直都在等待“适当”时机，好开始做那些值得做的事情。不要等待。时机永远不会“适当”。立刻开始，中途你还会遇到更好的工具。

9. **缺乏毅力**。不管做什么，大部分人开始时都满怀信心，却不能善始善终。此外，人们一旦遇到失败，就容易放弃。毅力是不可取代的。把毅力当座右铭奉行到底的人，会发现“失败老人”终将疲惫，自行退出。失败是无法对抗毅力的。

10. **消极的个性**。因为消极的个性而将别人拒于千里之外者，不会有成功的希望。成功来自力量的运用，而力量又来自与他人的合作。消极的个性无法促成合作。

11. **对性冲动缺乏控制**。在所有驱使人类采取行动的动力中，性的力量最为强大。正因为它是一种最强烈的情绪，更应将其转化为其他能量而予以控制。

12. **无法克制“不劳而获”的欲望**。这种投机本能使上百万人走向失败。1929年华尔街股市大崩盘就是一个例证。据分析，在那次事件中，数百万人就是怀着投机心理，想借着股票的买卖差额大捞一把，结果以破产告终。

13. **缺乏果断的决策力**。成功人士会果断决策，然后如果有必要，再慢慢改进。失败者往往花很长时间才能做出决策，但很快就需要修改，而且要频繁修改。犹豫和拖拉是一对双胞胎。只要找到其中的一个，就一定能找到另一个。所以必须趁它们还没有将你完全束缚在失败的车轮上，果断地把它们消灭。

14. **有6种基本恐惧中的一种或多种**。本书最后一章将专门分析这些恐惧。有效推销个人服务时，必须控制这些恐惧。

15. **择偶不当**。这是导致失败的一个普通原因。婚姻关系使两个人保持亲密的接触。如果婚姻不和谐，失败会接踵而至，表现为不幸和痛苦，它能摧毁一个人所有的雄心壮志。

16. **过度谨慎**。不主动抓住机会的人往往只能捡别人挑剩的机会。俗话说“过犹不及”，过度谨慎和不够谨慎都不可取。人生本来就充满了偶然成分。

17. **事业伙伴选择不当**。这是事业失败的主要原因之一。推销个人服务时，应该认真选择雇主，好的雇主能够激励人，他本人就是智慧和成功的化身。我们会无意中效仿身边的人，所以要选择一位值得效仿的雇主。

18. **迷信与偏见**。迷信是恐惧的一种形式，也是无知的表现。成功人士心胸宽广，无所畏惧。

19. **错误的职业选择**。从事不喜欢的职业，不可能取得成功。推销个人服务最关键的一步，是选择自己喜欢的职业，并全身心地投入。

20. **目标不专**。“万事通，万事松”。要全心全意专注于一个主要目标。

21. **肆意挥霍的习惯**。挥霍浪费的人不可能成功，主要因为这样的人永远都面临贫穷的恐惧。应该养成良好的习惯，定期拿出一定比例的收入，留作后用。

22. 缺乏热情。没有热情，一个人就没有说服力。而且，热情有一种感染力，一个人如果拥有热情，并能适当控制热情，往往会受到人们的欢迎。

23. 偏执。心胸狭隘很难取得任何进步。偏执说明一个人不积极获取知识。涉及宗教、种族和不同政治观念的偏执最有危害性。

24. 放纵。最有害的放纵形式是暴饮暴食、放纵性欲。任何形式的放纵对成功来说都是致命的。

25. 不善于合作。多数人丧失生活中的位置和机遇，都是因为合作不足，任何明智的商人或领导者都不会容忍这个问题的存在。

26. 轻易得来的东西。(比如富人的子女，以及继承财富的人的所得。) 不经过长期努力而轻易得到的东西常常是取得成功的致命因素。一夜暴富比贫穷更可怕。

27. 蓄意不忠。诚实是一种不可替代的品质。受无法控制的环境所迫，一个人一时不忠诚，可能也不会带来永久性的破坏。但是，如果一个人蓄意不忠，则无可救药。他的行为迟早会被发现，他付出的代价可能是失去信誉，甚至失去自由。

28. 自私和虚荣。这些品质问题好比亮起的红灯，让人不敢靠近，是妨碍成功的致命因素。

29. 猜测而不思考。多数人往往漫不经心或者过于懒惰，不愿费心获取用于准确思考的事实。他们喜欢根据猜测或仓促得出的“结论”行事。

30. 缺乏资金。这是初次创业者失败的普遍原因。没有足够的资金储备做后盾，就无法承受失败的打击，无法在逆境中生存，从而建功立业。

31. 其他原因。

失败的这31项主因体现了人生的悲剧，那些努力过但遭遇失败的人真正品尝了这些人生悲剧。如果能请了解你的人与你共同审视这些失败因素，并与你的情况一一对照，那么无疑对你很有帮助。如果由你自己来做的话，对你也会有所帮助。多数人不会站在别人的立场上来评价自己，也许你正是其中之一。

你知道自己的价值吗

古人云："知己知彼，百战不殆。"如果想成功地推销一种商品，就必须了解这种商品。推销自己也是如此。必须了解自己的弱点，才能弥补或彻底摒弃不足。必须了解自己的实力，才能在推销自我时，充分发挥自己的优势。只有通过准确的分析，才能充分了解自己。

一个年轻人向一位知名企业的经理申请工作时，就显示了不了解自我的愚蠢一面。起初他给对方留下了良好的印象，最后经理问及他希望得到的薪水时，他回答说没有既定的数目（没有明确的目标）。然后经理说："我们要试用一周后再决定你的薪水。""我不同意，"求职者回答道，"因为我希望在这里得到的薪水高于现在任职的地方。"

在目前的职位上商谈薪水的调整或寻求新职位时，**必须确保自己的价值高于目前得到的报酬**。

索取金钱是一回事——谁都想得到更多，但是自己的价值完全是另一回事！很多人错误地认为自己要求得到的就是自己的价值。其实个人的经济要求或希望与一个人的自身价值毫不相关。你的价值完全取决于你提供服务的能力或激励他人提供服务的能力。

自我分析

就像商品的年度盘点一样，为了有效推销个人服务，**一年一度的自我分析非常必要**。而且，年度分析应该体现出你缺点的减少和不断的进步。当然，一个人的目标应该是不断前进。年度分析应该体现是否取得了进步，进步有多大，还应体现是否有所退步。有效推销个人服务需要一个人不断前进，哪怕这种进步极其缓慢。

年度分析应该在年底来做，这样就可以根据分析结果，把需要改进的内容添加到新年计划中。自我分析时，可以询问自己以下问题，还应该在他人的帮助下检查自己的答案，以保证答案的准确性。

自我分析测试题

1. 我实现今年确立的目标了吗？（应该确立一个明确的年度目标，作为人生主要目标的一部分。）

2. 我是否提供了能力范围内的最佳服务？或者我能否改进这一服务？

3. 我是否提供了能力范围内的最大服务量？

4. 我的工作是否一直保持着和谐与合作的精神？

5. 我是否让拖拉的习惯降低了工作效率？在多大程度上影响了工作效率？

6. 我是否改进了自己的个性？是如何改进的？

7. 我是否自始至终执行了自己的计划？

8. 我是否在所有情况下都果断明确地做出了决策？

9. 我是否因6种基本恐惧中的任何一种或几种降低了工作效率?

10. 我是过度谨慎，还是不够谨慎?

11. 我与同事的相处是否和谐愉快? 如果不够愉快，错误是部分在我，还是全部在我?

12. 我是否因为不够专注而浪费精力?

13. 我是否以宽广包容的胸怀面对了所有的问题?

14. 我以何种方式提高了服务能力?

15. 我放纵过何种习惯?

16. 我是否公开或私下表现过任何形式的自私?

17. 我对待同事的行为是否能赢得他们的尊敬?

18. 我的观点或决定是基于猜测还是基于准确的分析和思考?

19. 我是否遵循了提前安排时间、预算支出和收入的习惯? 在这些方面，我是否太保守?

20. 我把多少时间花在了无益的努力上，而本来可以用这些时间做更有意义的事情?

21. 我应该怎样重新安排时间，改变习惯，才能在新的一年更有效率?

22. 我是否因为做过良心不允许的事情而内疚?

23. 我在哪些方面提供了超出分内的服务质量和数量?

24. 我是否对某人不公平? 在哪方面不公平?

25. 如果我的服务对象是自己，那么我对得到的服务满意吗?

26. 我是否选择了合适的职位? 如果不合适，为什么?

27. 我的服务对象对我的服务满意吗？如果不满意，为什么？

28. 按照成功的原则，我对自己的评价如何？

阅读和彻底了解了本章的内容后，也许你已经准备制订一份切实可行的个人服务推销计划。本章详细介绍了制订个人服务推销计划必需的原则，包括领导者的主要素质、领导失败的常见原因、具有领导机会的领域、各行各业失败的主要原因，以及在自我分析中应该向自己提问的重要问题。

之所以讲述这些详尽的准确信息，是因为所有通过推销个人服务开始积累财富的人都需要了解这些信息。那些失去财富或刚刚开始积累财富的人，只能通过提供个人服务来创造财富。因此，他们有必要掌握所需的信息，以便让个人服务换取最大回报。

完全了解、掌握本章传达的信息，有助于推销个人服务，还有助于提高分析、判断他人的能力。这些信息对人事主管、招聘经理和其他负责选拔员工和维持企业效率的管理者，都具有十分重要的价值。如果对这种说法有所怀疑，你可以拿出纸笔回答上述28道自我分析问题，以证实其可靠性。

致富的机会

每一个诚实的公民都有权享有积累财富的自由和机会。如果一个人去打猎，他可以选择猎物集中的地方。寻找财富时，你当然也可以利用同样的法则。

如果你追求财富，那么不要忽视那些富有的国家，这些国家的女性每年花在口红和其他化妆品上的钱就在五六百万美元以上。

如果你想致富，一定要认真考虑那些每年消费数百万美元香烟的国家。

千万不要急于离开一个人们愿意甚至渴望每年拿出数百万美元看橄榄球、棒球和职业拳击赛的国家。

还要记住，对于积累财富的渠道来说，这些只是刚刚开始，上面仅仅提到了一部分奢侈消费品和非必需品。但是你要知道，生产、运输和销售这几项商品，就可以给几百万人提供稳定的工作，他们的服务就能得到丰厚的回报，然后他们就可以自由地购买奢侈品和必需品。

要特别记住，交换商品和服务的背后可能就隐藏着积累财富的大量机会。没有什么能阻止你或任何人为这些事业去努力。

如果一个人能力出众、训练有素、经验丰富，他就可以积累大笔财富。如果没有这么幸运，他也可以积累少量财富。任何人都能凭借微薄之力在这个世界上生存。

所以，**机会就在眼前！**

它已经展现在你面前，等待你走上前来，尽情选择，制订计划，付出行动，坚持到底。社会为每个人提供了有益服务的机会，让每个人都可以根据提供的服务价值而取得相应的财富，但它绝不鼓励不劳而获。

THINK AND GROW RICH

第8章 决心

克服拖拉——致富第七步

对25 000名男性和女性的失败经历进行的分析显示，“缺乏成功的决心”位于31项失败主因的前列。

决心的对立面——拖延症，更是每个人都必须打败的共同敌人。

读完本书后，你会有机会检验自己迅速而坚定地下决心的能力，而且会将书中讲述的原则运用到实际行动中。

我分析过几百位累积财富过百万美元的人，结果发现了一个事实，那就是这些人都习惯于果断决策，然后根据需要再慢慢修改。而那些没有发财致富的人，则毫无例外地保持着犹豫不决、朝令夕改的习惯。

亨利·福特的一个突出品质就是具有迅速果断的决策力。他的这个特点非常鲜明，以至于有了顽固的名声。正是由于这种特质，当所有的顾问和众多买主都劝他做出改变时，福特仍能坚持制造出著名的T型车（世界上最难看的车）。

也许福特改变得太慢，但另一方面，车型还没等到有必要修改的时候，他的坚定决策就创造了巨额财富。可以说，福特果断决策的习惯固然有顽固之嫌，但这种习惯毕竟胜过犹豫不决、举棋不定的态度。

如何果断决策

多数无法积累足够财富以供其所需的人，通常容易受他人意见的影响，他们让报纸和周围人的闲话代替了自己的思考。意见是世界上最廉价的商品，每个人都有一肚子意见想说给别人听。如果做决策时易受他人影响，那么你很难做成任何事，把欲望变为财富就更不可能。

如果你总是受别人观点的影响，那么你将失去自己的目标。

开始实行这里所说的原则时，要自己做决定并努力实施，不要让他人知道你的想法，不要告诉任何人，除非是你特别信赖的人、与你志同道合的人。

亲密的朋友和家人虽然不是有意的，但他们的意见和故作幽默的嘲讽常常会阻碍我们的决策。很多人一生都有自卑情绪，就是因为被某些善意但无知的人用“意见”和嘲讽毁了自己的自信心。

你有自己的大脑，就要用它做出自己的决策。如果你需要从别人那里获取事实或信息，那么你可以悄悄地去取得这些事实或信息，不要暴露自己的意图。

有些人才疏学浅或一知半解，却喜欢在他人面前装出大有学问的样子。这种人通常说起话来滔滔不绝，却不善于倾听。如果你想培养果断决策的能力，那么就睁大双眼、竖起耳朵、闭上嘴巴。言论的巨人常常是行动的矮子。如果说得多、听得少，就会失去积累有用知识的机会，而且还暴露了自己的计划和目的，让那些嫉妒你的人尽情地将你打败。

还要记住，当你在一个博学的人面前开口时，你就会展现出你是有真才实学，还是腹中空空！**真正的智慧通常表现为谦虚和沉默。**

记住，你身边的每个人都和你一样，在寻求致富的机会。如果你过于随意地说出自己的计划，最终会惊讶地发现，有人已经采用你不小心透露的计划而捷足先登。

所以，你首先应该做出的决定就是保持沉默、洗耳恭听、察言观色。

为了时刻提醒自己，你可以在一张纸上用大字写下“先做后说”，放在每天都能看到的地方。

这句话的意思也就是说，“说得好不如做得好”。

要自由还是死亡

决心的价值在于做出决策的勇气。那些成为文明基础的伟大决定，通常是在冒着死亡危险的情况下做出的。

林肯决定发表《解放黑人奴隶宣言》这一让美国黑人获得自由的讲话时，就已经充分意识到，这一举动将使成千上万的朋友和政治拥趸与他离心离德。

苏格拉底宁可服毒，也不肯妥协自己的信仰，这是一个勇敢的决定。他将历史向前推进了1 000年，并赋予那些尚未出生的人以思想和言论的自由。

南北战争期间，罗伯特·李将军脱离联邦，坚持南方的道路，这也是个勇敢的决定，因为他知道，这个决定会让他献出生命，也会牺牲他人的生命。

费城决议

在每一个美国人的心里，历史上最重大的决定是于1776年7月4日在费城做出的。当时，56个人把他们的名字签在了一份文件上，他们知道这份文件将带给所有美国人以自由，否则这56个人面对的就是绞刑。

对这份著名的文件你不会陌生，不过也许你还没有从中领悟到，实际上它非常明确地传达了如何取得个人成就的重要途径。

我们都记得那份重要文件的签署日期，却很少有人知道做出那个决定需要多大的勇气。我们记忆中的历史，只有书本上记载的内容；我们能记住日期，能记住那些为自由而战的勇士的姓名，能记住约克镇和乔治·华盛顿。但是，我们却很少知道这些人物、时间和地点背后的真正力量。我们更不知道，早在华盛顿的军队到达约克镇之前，就保证了自由的那股无形的力量。

史书作者只字未提这种力量，却正是这种力量创造了这个必将为全世界树立独立新典范的国家，并给这个国家带来了自由。这是历史的悲剧。我这样说，是因为每个人必须运用这种力量去跨越人生的障碍，取得应有的人生回报。

让我们简单回顾一下创造这种力量的历史事实。故事起源于波士顿事件。1770年3月5日，英国士兵在街道上巡逻，以这种方式公开恐吓那里的居民。这些殖民地的居民最痛恨全副武装的士兵的示威。他们开始公开发泄愤怒的情绪，向士兵投掷石块并辱骂他们。最后，指挥官下令："上刺刀，打！"

战斗打响了，结果死伤惨重。这个事件激起了民愤，地方议会（由殖民地的杰出公民组成）为了采取有力的行动召集了会议。约翰·汉考克和塞缪尔·亚当斯是议会中的两名成员，他们积极发言，主张采取行动，将英国军队逐出波士顿。

要记住，正是这两个人做出的决定，让美国人拥有了今天的自由。还要记住，他们的决定需要信心和勇气，因为这是个危险的决定。

会议结束前，塞缪尔·亚当斯被派去拜访当地总督哈奇森，要求他把英国军队撤走。

他的要求被批准了，军队撤出了波士顿，但事情并未就此了结。该事件创造了一个注定改变整个文明趋势的历史环境。

组建智囊团

理查德 · 亨利 · 李是这个故事中的重要因素，因为他和塞缪尔 · 亚当斯联系频繁（以书信方式），毫无保留地交换意见，表达对自己所在殖民地的人民的忧虑和希望。通过这种做法，亚当斯想到，在13个殖民地中相互通信，或许有助于产生解决问题所需的通力合作精神。波士顿事件两年后（1772年3月），亚当斯向议会提出一个设想，在各个殖民地建立通信委员会，明确委任各殖民地的通信员，“目的在于改善英属殖民地之间的友好合作”。

这就是给每个人带来自由力量的开端。**智囊团**已经组成了。亚当斯、李和汉考克就是其中的成员。

之后，通信委员会成立了。殖民地居民以前一直以无组织的形式与英军进行军事对抗（例如波士顿事件），却从未获得过任何利益。他们个人的不满并未被集中起来，他们也没有一个智囊团的集体领导，所以每个人的思想、意志和力量没有朝着一个既定目标努力，不能一劳永逸地解决与英国人之间的问题，直到亚当斯、李和汉考克走到了一起。

这时候，英国人也没闲着。他们也做着自己的规划，组建自己的智囊团。他们的优势是拥有资金与组织有序的军队。

改变历史的决定

皇室委派盖奇接替哈奇森担任马萨诸塞州的总督。新总督上任后首先采取的一项举措，就是派使者拜访塞缪尔·亚当斯，试图通过恐吓达到阻止其对抗的目的。

下面是芬顿上校(盖奇派出的使者)与亚当斯之间的对话，通过这段对话就能看出当时的情形。

芬顿上校："盖奇总督授意我来向您保证，亚当斯先生，如果您能停止与政府对抗的举措，总督会给你满意的报酬。总督建议您不要再让陛下不悦。您的行为已经触犯了《亨利八世法案》，依照这个法案，总督有权决定是把您送到英格兰接受叛国罪的审判还是接受包庇罪的审判。但是如果您能改变自己的政治路线，那么不仅您能得到可观的个人利益，而且您与国王也会相安无事。"

塞缪尔·亚当斯面临着两种抉择。他可以停止对抗，接受带给他个人的好处，也可以继续对抗，但是要冒惨遭绞刑的风险！

很明显，亚当斯必须立即做出一个关系个人生命安危的决定。亚当斯坚持要求芬顿上校保证将他的答复原封不动地转达给总督。

亚当斯的答复是："那么你可以告诉盖奇总督，我相信我会一如既往地保持与国王陛下的良好关系。但是个人利益的诱惑不会让我放弃正义的事业。还请你告诉盖奇总督，塞缪尔·亚当斯对他的建议是，不要再侮辱一个已经愤怒的民族的情感。"

盖奇总督收到亚当斯的刻薄答复后，大发雷霆，然后签署了一份公告。公告内容如下："在此，我以陛下的名义，宽容地原谅那些愿意放下武器、重新做守法公民的人，但绝不会原谅塞缪尔·亚当斯和约翰·汉考克，他们罪大恶极，理应得到应有的处罚。"

有人会说，亚当斯和汉考克在劫难逃。政府的愤怒迫使他们二人做出了另一个同样危险的决定。他们迅速召集那些最忠实的支持者开了一个秘密会议。会场准备就绪后，亚当斯锁上门，把钥匙放在自己的口袋里，然后告诉所有与会人员，当务之急是组建殖民地居民的议会，成立议会的决定产生之前，任何人都不许离开房间。

这番话立即引起了一阵骚动。有人担心这种激进做法可能导致的后果，有人质疑与皇室对抗的决定是否明智。锁在这个房间中的，包括两个毫不畏惧、不知失败为何物的人：汉考克与亚当斯。在他们的影响下，其他人终于同意，通过通信委员会，于1774年9月5日在费城召开第一次北美大陆会议。

要记住这个日子，它比1776年7月4日更为重要。如果没有召开大陆会议的决定，就不会有《独立宣言》的签署。

大陆会议召开第一次会议之前，在北美大陆的另一个地方，还有一位领导者正在艰难地出版《英属美洲的权利概览》(*Summary View of the Rights of British America*)。他就是弗吉尼亚州的托马斯·杰斐逊，他与邓莫尔勋爵（皇室外派驻弗吉尼亚州的代表）的关系，跟汉考克和亚当斯与他们总督的关系一样紧张。

发表著名的《英属美洲的权利概览》之后不久，杰斐逊得知，他将因为背叛皇室政权而遭迫害。面对这种威胁，杰斐逊的一位同僚帕特里克·亨利大胆地说出了他的想法，并以一句将永远流传的经典名句结束了讲话：“如果这叫作叛国，那么我们就叛国到底吧！”

正是这样一些人，没有权力，没有地位，没有军事力量，没有资金，但是他们能严肃地考虑殖民地的前途命运。从第一次大陆会议召开算起，间隔两年后，直到1776年6月7日，理查德·亨利·李站出来，以主席身份对惊愕的与会者提出了以下动议：

> 先生们，我提议，这些联合的殖民地应该是而且有权成为自由独立的国家。这些州应该脱离英国皇室统治，完全脱离与大不列颠的所有政治关系。

最重大的书面决定

与会者对李的惊人提议进行了长时间的激烈讨论，最后李渐渐失去了耐心。最终，经过几天的辩论，他又一次起身，用清晰坚定的声音宣布：“主席先生，几天来我们一直在讨论这个问题。这是我们可以选择的唯一出路。那么，先生，我们为什么还要再拖延下去？为什么还要犹豫不决？让我们在这个快乐的日子里创建美利坚合众国吧。让这个国家站起来，不是让它毁灭或压制和平与法律，而是要重建和平与法律的统治。”

在他的提议最终投票通过之前，李因为家人重病而回到了弗吉尼亚州。但是他临走前，把自己的事业交给了他的朋友托马斯·杰斐逊。杰斐逊答应为此努力，直到采取有助于这项事业的行动为止。不久，会议主席（汉考克）决定成立一个委员会，指派杰斐逊为主席，起草《独立宣言》。

委员会为了这份文件付出了长时间的艰苦劳动。如果大陆会议通过了这份文件，那么一旦殖民地与大陆会议的战斗(这是接下来肯定会发生的事)失败，每一个在这份文件上签字的人，其实就是签署了自己的死亡判决书。

文件拟定后，6月28日，大陆会议宣读了这份草案。随后几天，经过讨论、修改，最终产生了完备的文件。1776年7月4日，托马斯·杰斐逊在大陆会议前，毫不畏惧地宣读了这份最重大的书面决定。

> 在人类历史进程中，当一个民族有必要解除其与另外一个民族的政治关系，并认为在自然赋予人们的众多权限中，也有独立与平等的权利时，基于对人类意志崇高的尊重，他们应该宣布驱使他们独立的事业理想。

杰斐逊宣读完毕，大陆会议投票通过了这份文件。56个人在这份文件上签上了他们的名字，把他们的生命赌注压在了这个最重大的决定上。

分析《独立宣言》背后的这些事件，我们有理由相信，这个在全世界享有权力和威望的国家，就诞生于这个56人智囊团的决定之中。应该特别注意这个事实：正是他们的决定，保证了华盛顿军队的胜利，因为这个决定的精神已经深入每个战士的心中，成为他们心中一种战无不胜的精神动力。

还应注意(为了个人利益)，给了这个国家自由的这种力量，正是每个希望掌握自己命运的人必须运用的力量。这种力量由本书中讲到的原则构成。从《独立宣言》这个故事中，不难发现其体现的6条原则：**欲望、决心、信心、毅力、智囊团和精心策划**。

有所想，才能有所得

有了这种哲学观，我们就会相信，强烈欲望产生的意念很可能会把欲望变为现实。在这个故事中，以及在美国钢铁公司的组建故事中，我都详尽地描述了让意念发生惊人转变的方法。

寻找这种方法的秘诀时，不要期待找到奇迹，因为你永远也不会找到奇迹。你只能发现不朽的自然法则。这些法则适用于有信心、有勇气接受它的所有人。这些法则可以给一个国家带来自由，也可以让人积累大笔财富。

那些果断做出决策的人，知道自己想要什么，因而能得到想要的东西。**各行各业的领导者都是那些能下定决心的人。**这正是他们之所以成为领导者的原因。那些言行之间显示出知道自己方向的人，世界也会为他们开路。

犹豫不决通常是在青少年时期形成的习惯。这种习惯非常顽固，它会让一个人浑浑噩噩地读完小学、中学甚至大学。

犹豫不决的习惯还会带入一个人选择职业中（当然，如果他真的选择了自己的职业的话）。一般来说，刚离开校门的学生，能找到什么职业就选择什么职业。他会接受找到的第一个职业，因为他无法摆脱犹豫不决的习惯。今天，在为生计而工作的人中，有98%的人之所以处于现在的职位，是因为他们不能下定决心，为自己规划一个确定的职位，他们也不知道如何选择自己的雇主。

果断的决策能力常常需要勇气，有时需要极大的勇气。签署《独立宣言》的56个人，就是把自己的生命赌注压在了签署这份文件的决定上。那些明确决定寻求某项职业的人，希望从生活中获得想要的回报，他们不会拿生命当这个决定的赌注，他们的赌注是经济上的自由。经济上的自立、财富、理想的事业和社会地位，对于那些疏忽、不愿期待、不愿规划或不需要这些东西的人来说，是永远得不到的。如果你用塞缪尔·亚当斯渴望殖民地自由的精神来追求财富，那么一定会发财致富。

THINK AND GROW RICH

第9章 毅力

坚持不懈是信心的源泉——致富第八步

在将欲望变为金钱的过程中，毅力是个不可或缺的因素。毅力的基础是意志力。

意志力如果与欲望适当地结合在一起，就会产生不可抗拒的力量。有志积累巨额财富的人往往被别人视为冷血或无情，因而常被别人误解。他们将自己的意志力与毅力融合在一起，并将欲望当作实现目标的保证。

多数人一遇到挫折和不幸就会放弃自己的目标。只有少数人才会在一切逆境面前坚持不懈，最终实现目标。

“毅力”一词没有超乎寻常的含义，但这种品质对于一个人的性格，就像碳素之于钢的关系一样。

财富的积累通常要运用本书所讲的全部13个因素。所有希望获得财富的人，必须理解这些原则，并用毅力保证这些原则的实施。

测试毅力

如果你读本书的意图是希望运用本书传达的知识，那么读到第2章的6个步骤时，你就会遇到毅力考验。世界上只有2%的人在朝着明确的目标前进，他们会制订实现目标的明确计划。如果你不是其中之一，那么很可能读了那些要求后，你仍按部就班地生活，根本不会按照那些要求行事。

缺乏毅力是失败的重要原因之一。而且，数千人的经验表明，缺乏毅力是多数人的通病。通过努力，这个不足也许可以弥补，但能否克服没有毅力的积习则完全取决于一个人的欲望大小。

继续往下读，到本书的结尾后再回到第2章，立即开始实施有关那6个步骤的要求。是否愿意遵循这些要求，能清晰地反映出你积累财富的欲望。如果对这些要求反应冷漠，那么说明你还不具备应有的“金钱意识”，因而也不可能积累财富。

财富流向那些随时准备接纳它们的人，就像河水终归大海一样。

如果你认为自己意志力薄弱，那么请认真阅读第10章“智囊团的力量”，让你的身边围绕一群智囊人物，通过这群人的共同努力，你就会增强意志力。在“自我暗示”和“潜意识”这两章中，也讲到了培养毅力的方法。按照这些方法去做，直到你的习惯能把欲望目标的清晰图画传达给潜意识。做到这一点后，你就再也不会受到缺乏毅力的困扰了。

不管你是醒着还是睡觉，潜意识都会一刻不停地工作。

“金钱意识”还是“贫穷意识”

断断续续或偶尔运用这些原则对你没有什么意义。要得到满意的结果，必须遵循所有的原则，直到它们变成你的固定习惯。这是培养“金钱意识”的唯一途径。

贫穷钟情于那些安于贫穷的人，同样，财富垂青于那些张开双臂欢迎它的人。贫穷意识会自动抓住那些没有金钱意识者的思想。无须有意培养，贫穷意识就会自己形成，而金钱意识则必须刻意培养，除非一个人生来就有这种意识。

充分理解上一段话的重要性，你就会明白毅力在积累财富过程中所起的重要作用。如果一个人没有毅力，那么在开始行动之前，他可能就已经失败了。有毅力，才会胜利。

经历过一场噩梦，你就会懂得毅力的价值。你躺在床上，半梦半醒，感到窒息压抑。你无力翻身，一动都动不了。这时候你意识到，必须要找回控制肢体的力量。通过意志力的不断努力，你终于可以活动一只手的手指了。你继续不断地活动手指，然后有了控制手臂的力量。之后，你竟然能举起手臂。以同样的方式，你也能控制另一只手臂的活动。接下来，你可以自由地活动一条腿了，然后是另一条。最后，用极大的毅力，你完全控制了整个肌肉系统，从噩梦中“挣脱”出来。奇迹就这样一步一步产生了。

摆脱思想惰性

你可能发现，要摆脱思想惰性，需要同样的步骤。起初动作要慢，然后逐渐加速，直到完全掌控自己的意志力。不管进展有多慢，都要坚持不懈。只要有毅力，就能成功。

如果你精心挑选了自己的智囊团，那么其中一定会有人能帮助你变得更有毅力。有些积累巨额财富的人就是这样做的，他们之所以能养成有毅力的习惯，是因为他们受环境驱使，必须变得坚韧不拔。

那些形成毅力习惯的人好像上了失败保险。无论经历多少挫折，他们总能到达理想的彼岸。有时，好像冥冥之中有个隐形的指导者，他的任务就是检验一个人能否经得起挫折的考验。那些跌倒了再爬起来继续前进的人，最终会到达目的地，全世界都会为之欢呼：“太棒了，我就知道你能行！”不过这个隐形指导者不会轻易让任何人享受成功的喜悦，如果经受不起毅力这个考验，那么注定与胜利无缘。

经受住毅力考验的人会得到丰厚的回报。无论追求的目标是什么，他们总能实现自己的目标，这是对他们的补偿。但不仅仅是这些，他们还会得到比物质补偿更重要的东西，即他们懂得了这个道理：“每一次失败都蕴藏着一颗潜在成功的种子”。

把失败踩在脚下

这个规律也有例外，有些人根据自身经验懂得了毅力的重要性。对他们来说，失败只是暂时的，他们的欲望和追求异常执着，最终失败也会化做成功。如果从旁观者的角度来看，我们会发现，绝大多数人陷入失败的深渊，从此一蹶不振。我们看到，只有少数人能把失败的惩罚视为强大的动力。令人欣慰的是，他们从不甘心接受生活中的逆境。这种动力就是那种支持人们在挫折面前继续抗争的无声但不可抗拒的力量。这种力量，就是我们所说的毅力。我们都知道，如果一个人没有毅力，那么他做什么事都不会取得成功。

写到这里，我抬起头来，看着前方。在不到一个街区远的地方，是神秘的百老汇，它是“希望破灭的坟墓”，也是“机会的舞台”。世界各地的人来到百老汇，寻找名声、财富、地位、爱，或者人类称之为成功的任何东西。偶尔有人会从众多“淘金者”中脱颖而出，那么全世界都会听到又有一个人在百老汇走红。但是百老汇并不那么容易、那么迅速就被征服。它欢迎人才，能识天才，并让他们得到丰厚的回报，但前提是这些人永不言弃。

于是我们可以说，这样的人发现了征服百老汇的秘诀。秘诀对另一个名词没有什么秘密可言，那就是“毅力”。

在范妮·赫斯特的奋斗历程中，这个秘诀不言自明。她用毅力征服了百老汇的星光大道。1915年，她来到纽约，希望用自己的写作创造财富。这个过程进展得并不快，但目标最终实现了。赫斯特用了4年时间，从第一手经历中了解了纽约人的生活。她白天写作，一边憧憬未来。当希望暗淡时，她并没有说“好吧，百老汇，你赢了”，而是说：“很好，百老汇，你可以打败有些人，但不会打败我。我一定会让你让步。”

一家媒体（《星期六晚邮报》）曾36次拒绝刊登她的消息，但最终她破茧而出，让读者了解了她。一般作家，就像其他行业中的一般人那样，可能遭到一次拒绝就会放弃自己的事业。她却在这条道路上奋斗了4年，因为她下定决心一定要成功。

接着生活给了她巨大的回报。魔咒已被打破，范妮·赫斯特经受住了“隐形指导者”的考验。此后，出版商络绎不绝地来到她的门前，财源应接不暇地滚滚而来。接着，电影人发现了她。这时，金钱更如洪水般向她涌来。

简而言之，你已经知道了毅力能让人取得成就。范妮·赫斯特并不是例外。不管一个人从何处聚集了大笔财富，有一点可以肯定，这个人必须有毅力。百老汇会随便施舍一杯咖啡和一个三明治给一个乞丐，但对于那些追求远大梦想的人，则必须让他们付出毅力的代价。

凯特·史密斯如果读到这里，一定深有同感。之前，她已经站在麦克风前唱了很多年，但没挣到钱，也没有身价。百老汇对她说：“如果你能握住麦克风，就来拿吧。”终于，那个快乐的日子来到了。百老汇不耐烦了，说：“给你又有什么用？不知道什么时候你就会被打败，那就开出你的身价，去拼命努力吧。”史密斯小姐开出了想要的价钱，这是一个相当可观的数字。

培养毅力

毅力是一种心态，因而是可以被培养的。与所有的心态一样，毅力的形成具有明确的因素，包括：

1. **明确的目的**。培养毅力的第一步，也许是最重要的一步，是知道自己想要什么。强烈的动机会驱使人克服任何困难。

2. **欲望**。如果一个人对追求的目标充满强烈的欲望，那么他相对容易培养与保持毅力。

3. **自信**。相信自己有能力实施一项计划会激励人坚持不懈地遵循计划。

4. **明确的计划**。条理清晰的计划，哪怕计划不周或并不完全可行，也会增强毅力。

5. **认清自我**。知道自己的计划非常可靠，再加上直接经验或间接知识，会增强毅力。如果不“认清自我”，而只靠“猜测”，就会毁掉一个人的毅力。

6. **合作**。对他人的同情、理解，以及密切的合作往往使人产生毅力。

7. **意志力**。集中精力为实现一个确定的目标而创建计划的习惯，会使人产生毅力。

8. **习惯**。毅力是习惯的直接产物。大脑发出指令，让人完成每天要做的事情，并且记住这些经历，而且使思想成为每天经历的一部分。恐惧，这个人类最大的敌人，可以通过不断重复勇敢的行为而被克服。

评估自己的毅力

结束毅力这个主题之前，来评估一下你自己，看看如果你缺乏这种素质，那么是在多大程度上存在不足。一点一点地审视自己，看看自己缺少以上8个因素中的哪些。这项分析会让你重新认识自我。

在这里，你会找到阻止你取得卓越成就的真正敌人。在这里，你不仅能找到反映毅力不足这一问题的"症状"，还能找出导致这个弱点根深蒂固的潜意识上的原因。如果你希望认清自己，认清自己的能力，就要认真分析下面的清单，正视自己。所有希望取得财富的人，必须克服以下弱点：

1. 不能认清并确定自己想要的究竟是什么。

2. 有理由或没有理由的拖延（常常会有一大串托词或借口）。

3. 对获取专业知识毫无兴趣。

4. 犹豫不决，不正视问题，不管在什么情况下都有推诿的毛病。

5. 出现问题时，不是积极寻求解决办法，而是推卸责任。

6. 自满。这是一种很难克服的顽症。

7. 缺乏热情。通常它的表现是，一个人在任何情况下都很容易妥协，而不是积极面对逆境，与之抗争。

8. 因为自己的错误责备别人，消极被动地接受逆境。

9. 由于动机不明确，因而没有强烈欲望。

10. 一遇到挫折，就迫不及待地放弃（由于6种恐惧中的一种或多种）。

11. 没有条理清晰、详尽分析的书面计划。

12. 构想或机会出现时，无动于衷。

13. 只有愿望，而无行动。

14. 安于贫穷，而不努力致富。一般来说就是没有雄心抱负，不想成为自己想做的人，不想做想做的事，不想拥有想要的东西。

15. 求助所有的致富捷径，不想付出应有的努力，通常表现为赌博习惯，总想一夜暴富。

16. 害怕批评，受别人的想法或言行影响，不能制订并实施自己的计划。这个敌人位于所有缺点之首，因为它通常在人的潜意识中，我们很难发现它的存在（参见“6种恐惧”一章）。

如果害怕批评

让我们看一看害怕批评的症状。多数人甘受亲人、朋友和其他人的影响，无法过自己想要的生活，因为他们害怕受到批评。

不少人选择了错误的人生伴侣，吵吵闹闹是家常便饭，痛苦不幸地度过一生，因为他们担心纠正婚姻中的错误会招致批评。（任何有这种担心的人都知道它的无穷后患，因为它会毁掉人的斗志，让人失去进取的欲望。）很多人离开学校后疏于进一步接受教育，因为他们害怕批评。无数男女老少任凭亲人以责任为名毁了自己的生活，因为他们害怕批评。（责任并不需要任何人毁掉自己的抱负，剥夺自己追求想要的生活的权利。）

人们不愿尝试生意中的机会，因为害怕失败会遭到别人的批评。在这种情况下，害怕批评比对成功的渴望更为强烈。

太多的人不愿设立远大的目标，甚至不认真选择职业，因为他们害怕亲人和朋友会说，“不要好高骛远，别人会笑话你的”。

当时，安德鲁·卡内基让我用20年时间总结个人奋斗成功学的理念，我的第一反应是害怕人们会如何评说我。卡内基的建议为我设定了一个与我以往的成绩远远不成比例的目标。几乎不假思索，我的脑子里就想出了各种托词和借口，归根结底，这都是因为害怕批评。我内心有个声音在说：“不能这样做，因为这项任务太艰巨，需要投入太多时间。而且，你的家人会怎样看待你？你将以何为生？还没有人组织一套成功学理念，你凭什么说自己能行？你是什么人，竟有这么大的口气？不要忘了自己是干什么的，你懂得什么理念？别人会认为你一定发疯了（确实如此），要么为什么以前别人从没这样做过？”

这些问题还有别的想法涌入脑海，让我不得不考虑。这时候，好像全世界的注意力突然间转向了我，都在嘲笑我，想让我放弃实施卡内基先生建议的所有欲望。

当时，在我的抱负还没有完全控制我之前，我完全有机会扼杀它。后来，我发现大部分人的构想刚形成时，根本没有生命力，它需要明确的计划和及时的行动为它注入生命的气息。呵护一个构想要从它刚刚形成时开始，只要它存在一分钟，就要给它一分生存的机会。**害怕批评是多数构想破灭的根本原因**，它使构想永远也无法发展到计划和行动阶段。

创造机遇

很多人认为，物质上的成功归因于幸运的机遇。这种观点有一定根据，但那些完全依靠运气的人则几乎总是以失望告终，因为他们忽视了成功必须具备的另一个重要因素：创造机遇所需的知识。

“大萧条”时期，喜剧演员菲尔兹损失了所有的钱，而且没有了收入来源，没有了工作，过去赖以生存的方式（杂耍）已不复存在。而且，那时他已年逾花甲，在许多人眼里，已经是老年人了。他渴望东山再起，因而主动要求在一个新领域（电影业）里义务工作。他的事业举步维艰，他还摔伤了颈部。对许多人来说，这是应该放弃的时候了，但是菲尔兹依然坚持不懈。他知道，**如果坚持下去，机遇迟早会降临到自己头上**。最后，他果然得到了机遇，但不是靠侥幸获得的。

玛丽·德雷斯勒快到60岁时，发现自己落魄潦倒，没有钱也没有工作。她也去寻找机遇，并且得到了机遇。她的毅力让她在晚年获得了惊人的成功，而一般人认为，她当时早就过了实现抱负的年龄。

1929年股市大崩盘时，埃迪·坎托赔掉了所有的钱，但他还有毅力和勇气。凭借这些，再加上一双与众不同的眼睛，他为自己赢得了一周1万美元的收入！

机遇都是自己创造的。机遇来自毅力，其出发点是明确的目的。

随机调查一下你最近遇到的100个人，询问他们生活中最想要的是什么，大部分人会答不上来。如果你进一步追问，有些人会说“安全”，很多人会说“金钱”，有几个人会说“幸福”，有人会说“名誉和权力”，还有人会说“社会认同感——生活舒适、能歌善舞、精于写作”。但是，没有人能明确解释这些说法，或者粗略说明实现这些模糊愿望的计划。财富不会回应愿望，只能通过欲望的力量，借助持久的毅力，来回应明确的计划。

如何培养毅力

培养毅力，需要经过4个简单步骤。这些步骤无须渊博的智慧和知识，也无须太多时间和努力。这些必要的步骤是：

1. 在强烈欲望的驱使下，拥有明确的目的。
2. 不断用行动体现出明确计划。
3. 不受消极懈怠思想的影响，包括来自亲人、朋友和熟人等思想的影响。
4. 结交一个或几个能鼓励你依照计划和目标行事的人。

不管在什么领域取得成功，都需历经这4个步骤。本书所述理念的13个原则就是为了让读者把这4个步骤变为自己的习惯。

遵循这4个步骤，就可以掌握自己的命运。

遵循这4个步骤，就可以获得思想上的自由和独立。

遵循这4个步骤，就可以实现小康或成为巨富。

遵循这4个步骤，就保证会有机遇。

遵循这4个步骤，就会把梦想变为现实。

遵循这4个步骤，就会战胜恐惧、沮丧与冷漠。

遵循这4个步骤的人一定会得到巨大的回报。它能让一个人掌握自己的命运，获得我们想要的幸福。

如何克服困难

是什么神秘力量促使坚毅的人克服困难？毅力是否可以在人心中设计某种超凡的心理或化学活动，使人获得超自然的力量？

观察亨利·福特等人之后，我心中不禁浮现出这些问题。亨利·福特白手起家时，除了毅力以外，什么也没有，后来却缔造了大规模的工业王国。托马斯·爱迪生只受过不到三个月的学校教育，却成为世界顶尖的发明家，并凭借毅力发明了留声机、电影机和灯泡，以及其他50多种有用的发明了。

我很高兴有幸分析福特和爱迪生先生，也因此有机会仔细研究他们。我的结论是，在他们两人身上，除了毅力，再找不到任何特质可以与其惊人成就相关的了。这可是经过了我一番确保千真万确的论证之后才得出的结论。

THINK AND GROW RICH

第 10 章　智囊团的力量

驱动力——致富第九步

力量是成功致富不可或缺的因素。

如果没有足够的力量支持，计划就毫无生气、毫无意义。本章将讨论获取这种力量并应用这一力量的方式。

力量可以解释为“有组织且巧妙运用的知识”。这里所说的力量，指的是“有组织的努力”，这种努力足以将个人欲望变为金钱对等物。“有组织的努力”是由两个或更多人共同合作而产生的，这群人本着和谐的精神为一个明确的目标而努力工作。

积累财富需要力量！得到财富后，守住财富也需要力量！

我们一起来探究如何获得力量。如果说力量是有组织的知识，那么我们来审视一下知识的来源：

1. 积累的经验。人类积累的经验（或经过组织和记录的部分）可在设备良好的公共图书馆中找到。高等院校也会将这种经验的重要部分分类整理后传授给学生。

2. 实验和研究。在科学领域以及各行各业中，研究人员每天都在收集、分类和整理新的事实。当知识无法通过“积累的经验”而获得时，就要转向这种来源。这时，也经常必须运用创造型想象力。

知识可以通过以上任何一种渠道获取。这些知识经过整理，变成了明确的计划，将计划付诸行动时，知识就转化为力量。

审视这两个主要的知识来源，我们不难发现，单凭自己的力量收集知识，并想通过明确的行动计划去实现它的时候，个人遭遇的困难将是何等巨大。假如你的计划全面、周密，那么你需要与他人合作，才能为这些计划注入必要的力量。

通过智囊团获取力量

智囊团可以定义为“两人或多人为实现一个明确的目标同心协力、团结一致，在知识和努力上的合作”。

没有智囊团的个人无法拥有强大的力量。在前面一章中，我们讲到为了把欲望转化为金钱对等物，应该如何制订计划。如果你持之以恒而且灵活地运用这些做法，在选择智囊团成员时有伯乐之明，那么在不知不觉间你可能已经实现了目标的一半。

因此，适当选取智囊团成员，你就可以更好地理解这种可以利用但又看不见、摸不着的力量潜能。在此，我们将解释智囊团原则的两个特点：一个是经济上的，一个是精神上的。经济特征是显而易见的。如果一个人身边围绕着一群团结一致、真心帮他的人，给他提供建议、计策以及个人合作，那么任何人都可以创造出经济利益。这种合作联盟几乎是取得每一笔巨额财富的基础。了解这一重要事实显然决定着你的经济地位。

智囊团原则的精神状态则较难理解。“两个人的智慧加起来，一定会产生第三种看不见的无形力量，我们可以把这种力量比喻为第三个人的智慧。”也许从这句话中，你能得到重要启示。

人类的大脑是一种能量形式，其中一部分在本质上是精神的。当两个人的智慧协调一致时，每个人大脑的精神能量部分都会形成一股吸引力，从而形成了智囊团的“精神”。

智囊团原则，或者更应该说是指其经济特性，是由安德鲁·卡内基在50多年前最先引起我关注的。这项原则的发现让我做出了对自己职业的选择。

卡内基先生的智囊团成员大约由50人组成，为了制造和销售钢铁这个明确目标，卡内基将他们招至麾下。他也将自己全部财富的获得归功于这个智囊团产生的力量。

分析任何一位成为“巨富”或“小富”的记录，你会发现，他们总是有意无意地使用了智囊团原则。

除此之外，没有别的原则可以积累强大的力量！

如何增强智慧

我们可以将人类大脑比作一个电瓶。我们知道，一组电瓶提供的电量大于一个电瓶的电量。我们还知道，单一电瓶提供的电量与电瓶包含的电池数量与电池容量成正比。

人脑也是以类似的方式发挥作用的，这也解释了为什么有的人比其他人更聪明，因为一组同心协力、精诚合作的头脑提供的思想能量将大于单一头脑所能提供的能量。其中的道理和一组电瓶提供的能量会超过单一电瓶所提供的能量是一样的。

通过这个比喻，显而易见，**智囊团原则就是使他人的智慧与自己的智慧结合在一起，这正是获得力量的秘诀**。

接下来的另一种说法将使你更进一步地了解智囊团原则的精神层面：当一群人的智慧通力合作时，这种组合提高的智慧能量将可供智囊团中的每一名成员享用。

我们知道，亨利·福特是在贫穷、失学、无知的困境中开始投入事业的。我们还知道，在短短10年中，福特先生克服了这三大困难，跻身美国巨富之列。

除此之外，还有一个事实，就是福特先生是在成为托马斯·爱迪生的朋友之后，才开始显示出其迅猛发展之势的。知道了这一点，就不难理解一个人对另一个人的重大影响了。进一步想想，福特先生最杰出的成就始于他认识了哈维·费尔斯通、约翰·伯罗斯和卢瑟·伯班克（这些人都极具智慧）。这样，你就能进一步证实，伟大的力量可以通过智慧的友善结盟而产生。

本着和谐精神与他人交往，人们会在无形中学到朋友的秉性、习惯和能力。通过与爱迪生、伯班克、伯罗斯和费尔斯通等人交往，福特先生在自己的头脑中加入了这4个人的智慧、经验、知识和精神力量。更重要的是，他通过此书所叙述的步骤方法，恰当地运用了智囊团原则。

这一原则也适用于你！

我们之前已经提到过圣雄甘地。让我们研究一下他获得惊人力量的方式。我们可以简短地做一个解释。

甘地团结了两亿人为了一个明确目标同心协力，获得了巨大力量。简言之，甘地创造了一项奇迹，一个引导两亿人而非强迫两亿人精诚合作的奇迹。假如你不相信这是个奇迹，请试着引导两个人在和谐精神之下合作一段时间，时间长度不限。

任何企业的经营者都知道，让员工以一种看似和谐的精神合作是何等困难。

积极情感的力量

金钱害羞且难以捉摸。追求它和赢得它的方法就像追求意中人时所用的方法一样。也许这是巧合，但是追求金钱和追求少女所需的力量其实并无多大差别。在追求金钱时，那股力量必须再加上信心、欲望与毅力。要应用这种力量，必须通过计划，而且一定要将计划付诸行动。

大笔财富到来时，它会像高山流水一般轻松地流向积累财富的人。其中蕴藏着一股强大无形的力量洪流，可以把它比喻为一道河流，不同的是，河流的一端带着进入其中的人向上向前，流往财富之地，另一端则带着不幸掉入其中且无法脱身之人以反方向流向悲惨和贫穷。

每个积累巨额财富的人都已认识到这股人生巨流的存在。它是由个人思想过程组成的。**积极的思想情感会形成个人通往财富的那一侧水流，消极的情感则形成带领个人流向贫穷的另一侧水流。**

对于以致富为目标而遵循本书哲学的人，这一点传达了一个极为重要的理念。

假如你被卷入流向贫穷的那一侧洪流之中，那么本书所提供的原则就是一只船桨，它会推动你划向另一侧洪流中。只有加以应用，这些原则才可能发挥作用。如果只是阅读，漫不经心地加以评判，那么这本书对你将毫无用处。

贫富经常易位。要把贫穷变为富裕，通常要通过设想周全、认真执行的计划。贫穷不需计划，也不需任何协助，因为贫穷是大胆而鲁莽的，财富则害羞而胆怯，它们必须被“吸引”才能得到。

THINK AND GROW RICH

第11章　性欲转换的奥秘

正确运用性的力量——致富第十步

简单地说，“转换”一词的意义就是“将一种元素或能量形式改变或转化为另外一种元素或能量形式”。

性的激情会转变为一种心理状态。

由于对这一问题的无知，人们通常将这种心理状态和生理相关联。而且由于多数人在获取性知识时受到的错误影响，还误认为它是纯生理的东西，其实它与心理有很大的关系。

性激情隐含了三种建设性潜在力量。它们是：

1. 人类的繁衍。
2. 保持健康（它的治疗作用无可比拟）。
3. 通过转化性欲力量，将庸才变成天才。

性欲的转换很简单，且易于解释。它是一种心态的转换，其过程是把通过生理表现的意念转化为其他意念。

性欲是人类最强烈的一种欲望。被这种欲望驱使时，人们会产生强烈的想象力、勇气、意志力、毅力以及在其他时候所没有的创造力。性接触的欲望非常强烈且易产生冲动，往往使人沉溺其中，甚至甘冒生命和名誉的危险。如果加以控制，并向其他方向引导，这股激发力就会保留其强烈的想象力和勇气等性质，成为一股应用在文学、艺术或其他专业或工作上（其中当然也包括积累财富）的强大创造力。

性能量的转换当然需要运用意志力，不过带来的回报是值得的。性欲的表达是天生的、自然的。这种欲望无法也不该被埋没或抹杀，但它应该通过丰富人类身心与精神的表现方式来发泄。如果不能以转换的渠道来宣泄，它就会通过纯粹的肉体渠道来寻求发泄。

我们可以修筑堤坝，在一段时间内控制河流的水量，但它终究需要泄闸。性欲也是如此，它可以被压抑一段时间，但其天性还是会不断地寻求表达方式。假如不用创造性的方式加以引导，它就会以不具有价值的渠道发泄出来。

成就与性的关系

懂得如何通过某种创造性方式来发泄性激情的人的确很幸运。科学研究揭示了以下重要事实：

1. 成就非凡的人具有高度的性魅力，而且他们学会了性欲转换的技巧。

2. 拥有巨富的人以及在文学、艺术、建筑与各种行业中获得卓越成就的人，其背后都有女性的力量在驱动他们。

这些结论是综合两千多年来伟人的传记与历史发现的，其中凡是有关重大成就获得者的证据都有力地表明，他们拥有高度的性魅力。

性激情是一种“不可抗拒的力量”，即使将一个人的身体捆绑住也无法使之消失。在这种情绪驱动下，人会变得具有一股内在的行动力量。明白了这一事实，就能领悟“性欲转换包含着创造力的秘诀”这句话的意义了。

无论人还是动物，如果破坏了性腺，就等于除去了行动的主要源泉。要证明这一点，不妨观察一下动物被阉割后的情形，阉割后的公牛会变得像奶牛一样温顺。阉割会使雄性动物（无论人或兽）丧失斗志，去除雌性动物的卵巢也有同样的效果。

10 种心理刺激物

人的心理对刺激会做出回应，这种刺激可以激发大脑产生高度的震波，即所谓的热忱、创造型想象力、强烈的欲望等。最易于激发心理反应的刺激物有：

1. 表达性的欲望。
2. 爱。
3. 对名誉、权力、经济利益或金钱的炽烈欲望。
4. 音乐。
5. 同性或异性间的友谊。
6. 为了精神或世俗成就，两人或多人和谐组成的智囊团。
7. 共同的苦难，如受迫害者的经历。
8. 自我暗示。
9. 恐惧。
10. 毒品和酒精。

在以上清单中，居于首位的是性情感的表达欲望，它最能有效地“增强”心欲，开动行为的“车轮”。其中8种刺激物是自然且具建设性的，有两种是具有破坏性的。列出此清单的目的在于使你能够对心理刺激物的主要来源做一个比较研究。这项研究结果显示，性激情极有可能是所有心理刺激物中最强、最有力的一种。

某个自作聪明的人曾说过，天才是“留着长发、吃古怪食物、独居、供他人取笑”的人。更恰当的定义应是“天才是懂得如何提升思想深度的人，因而他们能获得一般思想程度的人所无法获得的知识”。

善于思考的人对天才的这个定义难免有些疑问。第一个问题便是：“一个人如何接触到一般思想无法获得的知识？”

第二个问题是：“是否存在只有天才知道的知识来源，如果有，这些来源是什么？还有，究竟怎样才能得到这些来源？”

我们将提供一些证据，你可以通过检测自身得到证实，而且，这样我们就同时回答了这两个问题。

天才是通过第六感培养出来的

第六感存在的事实已被广为接受。第六感就是创造型想象力。大多数人一生中从未使用过它，而且就算使用了，也只是偶然使用，只有相当少的人是有意且有目的地使用创造型想象力。那些能依个人意愿使用它，而且是在了解其功用的情况下使用它的人就是天才。

发明界所有基本的或最新的原理都是通过创造型想象力发现的。

灵感来自何处

当构想或观念通过一般所谓的“灵感”闪现在脑海时，它们就是从以下的一个或几个来源产生的：

> 1. 个人的潜意识。每一个通过5种感官之一到达大脑的感觉印象和意念冲动都存放在那儿。
>
> 2. 他人的想法。这个人通过有意识的思想表达了其意念、构想或观念的轮廓。
>
> 3. 来自他人的潜意识宝库。

除此之外，没有其他来源可以激发构想或灵感。

当10种刺激物中的一种或多种激发了大脑细胞时，它就能提升个人思想水平，使之超越一般的程度，也使一个人的意念深度、远景和特质超过了一般较低层次的思想所能到达的程度。这是个人在解决事业上的问题与处理专业事务时，他的思考能力所无法达到的境界。

通过任何一种心理刺激方式将思想水平提升到较高层次时，一个人的相对位置就好比登上了飞机。飞到一定高度后，他就能看到地平线以外的景物，而这些景物平时在地面上是无法看到的。此外，一旦达到这样的思想高度，那些平常为了三项基本要求（食、衣、住）奋斗时会限制个人视野的刺激物，此时就无法再妨碍或束缚人了。在一个人现在所处的思想境界中，普遍、乏味的思想已被有效消除，正如随飞机上升时，地面的山丘、山谷以及其他视觉障碍顿时被抛在身后一样。

在这种思想高度上，大脑的创造功能得以自由发挥，供第六感发挥的道路已经畅通无阻，个人因而能接收到在其他环境下所无法得到的构想。“第六感”其实就是区分天才与普通人的一种能力。

培养创造力

创造力遇到“个人潜意识”以外产生的原动力会变得更灵敏且更易于接受它们，个人越是使用这种能力，就越会依赖它，且需要它来产生意念冲动。只有经常使用，才能培养与发展这一能力。

通常所称的“良心”，完全是通过第六感来发挥作用的。

伟大的艺术家、作家、音乐家和诗人之所以伟大，是因为他们通过创造型想象力的天赋，养成了依赖心底发出的“细微声音”的习惯。具有敏锐想象力的人都知道，他们最好的构想都是来自所谓的“灵感”。

有一位伟大的演说家在激起全场轰动之前，必先闭上眼睛，完全依赖其创造型想象力功能。当有人问他为什么要在演讲高潮到来前闭上双眼时，他答道：“只有那样，我才能说出源于心底的想法。”

美国一位最成功、最有名的金融家在做决策之前，也有闭上双眼两三分钟的习惯。问他为什么这样做，他回答说：“闭上眼睛，我能更好地发挥智慧的力量。”

发明家如何构想出好点子

马里兰州已故的埃尔摩·盖茨博士拥有200多项有用的专利，

其中多项专利基本上都是通过培养与应用创造力产生的。他的做法对有意取得天才地位的人（盖茨博士无疑属于此类人物）而言，不只重要，而且有趣。盖茨博士正是世上少数真正伟大但不出名的科学家之一。

在实验室里，他有一间“个人沟通室”。这个房间几乎是完全隔音的，而且它的设计完全阻绝光线。里面有一张小桌子，桌上放着一叠纸。桌前的墙壁上有一个控制光线的电钮。当盖茨博士想运用创造型想象力的时候，他就会进入这个房间，坐在桌前，关掉电灯，专注于正在发明的对象的已知因素。他就这样静坐着，直到与发明有关的未知因素“闪入”脑海为止。

有一次，构想源源不断地到来，使他写了近三个小时。当意念不再泉涌时，他检查笔记，发现上面详细叙述了一些原则，而那些原则在科学界已知的资料中，找不到任何相同的东西。此外，问题的答案也已巧妙地呈现在笔记中了。

盖茨博士凭借为个人或公司“坐待构想”谋生。美国一些最大的公司会按照小时为他的“坐待构想”支付丰厚的费用。

推理经常有缺陷，因为它在很大程度上依靠个人累积经验的指引。但个人通过经验所获得的知识并不完全正确，而通过创造能力取得的构想则可靠得多，这是因为其来源要比推理的来源更为可靠。

天才的工作方法也适用于你

天才与狂热发明者的最大差别在于，天才是通过创造型想象力的天赋工作，而那些狂热者则完全不了解这一能力。科学界的发明家则会同时利用综合型想象力和创造型想象力。

举例来说，科学发明家会通过综合能力（推理能力），组织及结合已知的知识或根据经验得到的原则来开始一项发明。如果他发现累积的知识不足以完成这项发明时，就会通过创造能力以取得知识来源。这项工作的完成方式因人而异，但以下是其中的必要条件：

1. 他会使用10种心理刺激物中的一种或几种，或自选其他的刺激物来激励自己，以便超高水平地发挥。

2. 他会专注于发明对象的已知因素（已完成的部分），并在心中形成其未知因素（未完成的部分）的完美影像。他会将此影像保留在心中，直到被潜意识接管，然后清除心中杂念，等待答案“闪入”脑中。

有时结果的获得既确定又迅速，有时则不然，这完全取决于第六感或创造力。

爱迪生先生在通过综合型想象力尝试了1万多种不同构想组合之后，才得到制造电灯泡的答案。发明留声机时，他也有类似经历。

有足够的可靠证据证实，创造型想象力的天赋是存在的。仔细分析各行各业中未受广博教育却能成为领导者的人，便能找到证据。林肯是伟大领袖中的突出范例。他就是通过发掘、运用创造型想象力而日趋伟大的。他之所以发现并开始运用这种能力，是因为他在遇到安妮·拉特利奇后体验到了爱的刺激，这也是和研究天才来源有关的重要事实。

性的驱动力

在丰富的历史记载中，有不少伟大领袖的成就直接来自女性的影响。她们通过性欲的刺激，唤起了这些领袖心中的创造力。拿破仑就是其中之一。受到第一位妻子约瑟芬的激励，他所向无敌。当判断力或理性促使他抛弃约瑟芬时，他就开始走下坡路了。

我们可以轻易举出数十位美国人所熟知的人士，他们都是在妻子的激励下登上成就巅峰的。性的影响力比理性创造的任何替代物更为强大，认识到这一点的并非拿破仑一人。

人脑会对刺激做出反应！性刺激是最大最强的刺激。如果能加以控制且转换得当，这股动力可以把个人提升至较高的思想领域，使人能够掌控在较低思想层次上产生焦虑与烦恼的来源。

为了加深印象，我们通过一些人的传记得到了相关事实。在此提出一些成就卓越人士的名字，他们都被公认为具有高度性魅力。他们无疑是从性欲转换中找到了力量源泉的天才，这些人包括：

乔治·华盛顿
拿破仑·波拿巴
威廉·莎士比亚
亚伯拉罕·林肯
拉尔夫·爱默生
罗伯特·彭斯
恩里克·卡鲁索
托马斯·杰斐逊
艾伯特·哈伯德
艾伯特·加里
伍德罗·威尔逊
约翰·佩特森
安德鲁·杰克逊

你也可以根据传记资料自己续写这份名单。如果有可能，请试着在整个文明历史中，找出一个在某一行业中成就杰出，但不善于运用性魅力的人。假如不想参照前人的传记，那么列出你所知的当代人士，然后看看是否能在其中找出一位不善于运用性魅力的人。

性能量是所有天才的创造能量。过去从来没有，将来也不会有任何一位伟大领袖、建筑师或艺术家不具备这种性魅力。

当然，也不会有人因此错误地认为，所有具备高度性魅力者都是天才。只有通过想象力的创造性，让它激励我们的智慧，使之能汲取一切力量，我们才能成为天才。产生这种“提升自我”最主要的刺激物就是性能量，但只拥有这股能量还不足以成为天才。只有将这股能量从肉体接触的欲望转化为其他欲望和行为方式，一个人才能成为天才。然而，大部分人不但无法因为强烈的性欲望成为天才，反而因误解以及滥用这股强烈的力量而把自己贬为低等动物。

最强大的心理刺激物

历史上不乏这样的例子，有人将酒精和麻醉剂等当作刺激物，使自己达到天才的地位。爱伦·坡在酒精的作用下写出了《乌鸦》一诗，“梦到了凡人从来不敢做的梦”。詹姆斯·惠特科姆·赖利也在酒后写出了自己的最佳作品。或许就是这时候，他看到了“现实与梦境的理想结合，河上的磨坊，溪上的薄雾”。

但也不要忘记，其中有许多人到最后终究毁了自己。大自然准备了玉液琼浆，供人们尽情地激发心智，使其转化为超凡脱俗、积极向上的思想，却没有人知道这些思想来自哪里。至今还没有什么能令人满意地取代大自然的激励。

人的情感统治着这个世界，决定着文明的命运。人们的行为受到理智的影响，但更受“情感”的影响。创造能力完全靠情感来赋予它行动，而不是靠冷酷的理智。人类情感中最强有力的就是性激情。当然也有其他心理激励物（有些已列出来），但其中任何一项，甚至它们的总和都无法和性激情产生的驱动力相提并论。

暂时或永久提升思想强度的任何影响力都是心理刺激物。前面列举的10种主要刺激物是最常被人们使用的一些刺激力量。通过这些力量源泉，个人可以随意进入自己或他人的潜意识宝库，这就是产生天才的过程。

个人魅力的宝库

一名培训、指导过3万余名销售人员的老师有一项令人惊讶的发现，即高度性感的人通常是最具效率的推销员。唯一的解释便是，一般称为“个人魅力”的个性因素正是性的力量。高度性感的人总是有无穷的魅力。通过培养和了解这股强大的力量，可以有力地推动人际关系。这股能量可以通过以下媒介传达给他人：

1. **握手。**手的接触可以立即显示一个人是否有吸引力。

2. **声音语调。**魅力或性的力量能使一个人的声音悦耳迷人。

3. **姿势和举止。**高度性感的人行动轻快而且优雅轻松。

> **4. 思想的悸动。**高度性感的人会把性的情感与思想融合起来，或者可以按照自己的意愿挥洒自如，而且还可以凭借这种方式影响身边的人。
>
> **5. 服饰。**高度性感的人通常非常注重自己的外表。他们选择的服装风格，总是适合自己的个性、身材和肤色等。

雇用推销员时，精明的销售经理会将个人魅力作为推销员的“第一条件”。缺乏性魅力的人永远无法具备热忱，也无法以热忱激励别人。无论一个人推销的是什么，热忱都是推销术中最重要也不可缺少的因素。

如果公众演说者、辩论家、律师或推销员缺乏性魅力，那么就其影响他人的能力而言，则会是个“大缺陷”。将这一点与另一个事实联系在一起，你就会明白，性魅力作为推销员的必备能力是很重要的。那个事实就是，**大部分人只有通过情感才能受到影响**。推销大师之所以精通推销术，是因为他们有意或无意地将性魅力转化为销售热情！性欲转换的真正意义，或许从这个说法中可以得到一个实际的反映。

推销员如果懂得将心思从性的问题上转移，将之转变为热忱和决心，并以此指导销售工作的话，他就已经获得性欲转换的技巧了（无论他自己知道与否）。大部分成功转化性欲的推销员并不知道自己在做什么，或者自己是如何做到的。

转换性能量需要非凡的意志力，而这超过了一般人为此目的而付出努力的意愿。如果你觉得很难拿出足够的意志力来转换性欲，可以逐渐培养这一能力。虽然这需要意志力，但所得的回报却远胜过所做的努力。

关于性的谬论

对人类的性，大部分人都表现出不可原谅的无知。性冲动也基本上被无知和心术不正的人误解、诽谤和讽刺。

一般认为有幸享有突出性魅力的男女通常被视为引人注目的一群。而事实上，他们通常受到非议，而不是赞誉。

即使在这个开化的时代，仍有千百万人错误地认为性力量是一种不幸，而形成了自卑感。这些称赞性能量的说法当然也不应被解释为是在为放荡辩护。唯有在明智、有辨别力的情况下，性激情才能成为一种美德。它可能被误用（且经常如此），其结果不但无法丰富身心，反而贬低了它。

作者发现，几乎每一位成就卓著的伟大领袖都深受一位女性的激励，而且在许多情况下，“当事的女主角”通常都是个谦逊、甘愿自我牺牲的妻子，大众对她们知之甚少，甚至完全不了解。

每个明事理的人都知道，酒和麻醉剂的过度刺激是一种毁灭性的放纵方式。然而，很多人不知道，过度沉溺于性也可能成为一种习惯，它对创造性而言，就如酒精或麻醉剂一样具有破坏性。

一个沉迷于性的人和沉迷于毒品的人其实没有什么两样！二者都无法控制其理性与意志力。很多妄想症患者的病例就是由于对性的真实功能无知，因而养成不良习惯而导致的。

我们看得出来，对性欲转换的无知，一方面会使无知者受到严厉的惩罚，另一方面也使他们无法获得丰厚的利益。

对性的普遍无知，在于这个问题一直被包围在神秘和回避中。神秘和回避对年轻人心理的影响和禁令产生的心理状态是一样的。结果，这个“禁忌”话题更激发了好奇心与深入了解的渴望，然而，所有立法者和多数心理学家（他们训练有素，最有资格教导年轻人）应该感到惭愧的是，这方面的知识一直都不易取得。

40岁以后的成功

很少有人在40岁以前就开始从事具有高度创造性的工作。一般人要在40~60岁才能进入创造力最强的阶段。这个说法是我根据仔细观察数以千计的男女后分析得来的。对那些无法在40岁以前成功，还有那些年纪在40岁分界点左右，以及那些对老年感到害怕的人而言，这些说法应该很有鼓励作用。按理说，40~60岁是取得成果的岁月。接近这个年纪时，不应心怀恐惧、忧虑，而是应该满怀希望、热切期待。

假如你需要证据来证明大部分人都是40岁以后才有最佳成就表现的，不妨研究一下美国人所熟悉的成功人士记录。亨利·福特40岁后才踏上成功之路。安德鲁·卡内基开始享受努力的成果时已有40多岁了。詹姆斯·希尔40岁时还在敲电报键，他也是在那个年纪以后才取得惊人成就的。在美国企业家的传记里，为此提供的证据比比皆是，足以说明40~60岁是创造人生业绩的黄金时期。

30~40岁，人们开始学习性欲转换的技巧。这种发现通常是偶然的，而且经常是完全不自觉的。35~40岁，人们可能注意到自己的能力增强了，但在大部分情况下，人们并不清楚这种改变的原因。30~40岁，一个人爱的情感和性的激情自然而然地开始趋于和谐，因此他可以把这些强大的力量结合起来，使之成为一种激励行动的力量。

开启情感动力

性本身是一股激励行动的强大动力，但其力量就像飓风一样，经常是无法控制的。但当爱开始和性的激情融合起来时，其结果就是目标专一、心态稳定、判断准确、身心平衡。一个人到了40岁之后，如果仍然无法体会并以自己的经验来加以印证这些的话，那真可谓是最大的不幸。

如果仅基于性激情，在取悦女性的欲望驱使下，男人可能也会具备获得伟大成就的能力，但其行为可能紊乱、扭曲，而且完全具有破坏性。在纯粹的性动机之下，男人为了取悦女人，可能会去偷窃、欺骗，甚至杀人。可是当性激情里有了爱的情感之后，同样一个人就可能会更明智、心态更平和地引导自己的行为。

爱、浪漫和性都能驱使男人达到成就的巅峰。爱的作用犹如安全阀，能确保身心平衡、宁静，做出建设性的工作。如果结合在一起，这三种情感就有可能将一个人提升至天才的地位。

情感是一种心态。自然赋予了人类“心理催化剂”，它的原理近似于物质的化学变化。大家都知道，通过化学变化，化学家可以将数种化学成分混合起来，制成致命的毒药，而那些成分如果剂量适当，本身没有一种是有害的。情感也可以这样融合起来，制成致命的毒素。性激情和嫉妒结合时，可能会使人成为丧失理智的野兽。

当人的心中出现一种或数种破坏性情感时，心理的化学变化就会生成一种可能破坏个人正义感的毒素。通往天才之路包含了发展、控制以及运用“性”、“爱”和“浪漫”的情感。这一过程大致如下：

> 鼓励这些情感的出现，让其成为心中的主宰意念，并抑制所有破坏性情感的产生。心理是习惯的产物，它会依赖灌输其中的主宰意念而茁壮成长。通过意志力的作用，人可以抑制任何情感的产生，也可以助长任何情感的产生。通过意志力的作用，控制心理其实并不难。控制来自毅力和习惯。控制的秘诀在于了解转换的过程。任何消极情感出现时，都可以通过改变个人思想的简单过程，将它转化为积极或建设性的情感。

要想成为天才，除了通过自我努力之外，别无他法！一个人也许可以仅在性的驱动下，到达经济或事业成就的巅峰，但历史的证据也充分显示出，这些人可能在性格上具有某些特质，从而剥夺他守住或享受财富的能力。这一点很值得我们分析、思考，因为它反映了一个事实，了解这一事实对女性和男性具有同样的帮助。而正因为不了解这一事实，数以千计的人虽然拥有财富，却失去了享受幸福的权利。

真爱永存

爱的记忆永不会逝去，即使在刺激消失后，这种记忆依然会长久徘徊在心中，指引人并对人产生影响，这是常有的情形。每个被真爱打动过的人都知道，它会在人的心里留下永存的痕迹。爱的影响会长存，因为爱的本质是精神的。得不到爱的激励而无法登上成就高峰的人是没有希望的——他会犹如行尸走肉。

时常回顾过去，让心沉浸在昔日爱的美好回忆中。它会减轻眼前的忧虑和苦恼，让你暂时逃避不愉快的现实生活。回到幻想世界的短暂时光里，你的心灵会给你带来改变人生经济地位或精神地位的构想或计划。

假如你因为自己爱过却又失去爱而觉得不幸，那么你应抛弃这种想法。真正爱过的人不可能完全失去爱。爱反复无常，说变就变。有爱时，好好地把握，尽情地享受，但不要担心它会离去，因为世事无常。

也别存有真爱只有一次的念头。爱去了还会再来，没有一定的次数，但从来没有两份爱会以相同方式影响一个人。通常，某一份爱的经历会在心中留下较为深刻的记忆。所有的爱都是财富，除非一个人在爱离去时变得愤世嫉俗。

假如一个人知道爱和性的差异，就不应也不会对爱失望。二者的主要差异在于爱是精神的，而性是生理的。除非出于无知或嫉妒，否则以精神力量触动人心的体验不可能有害。

无疑，爱是人生最重大的体验。当它与浪漫和性结合时，可以引领人表现出高度的创造性。如果说筑造成就的天才是个三角形，那么“爱”、“性”和“浪漫情感”就是它的三条边。

爱是一种情感，它有多个层面和色彩。在所有的爱当中，最强烈、最炽热的爱是与性融合为一体时的体验。婚姻中如果没有爱与性和谐产生的亲密感，就不可能幸福，而且很少能够持久。只有爱，或者只有性，都无法为婚姻带来幸福。这两种美好情感互相融合所产生的婚姻，是世人追求的理想精神境界。

女人可以成就男人，也可以毁灭男人

如果能正确理解这一问题的答案，许多婚姻就可以由混乱走向和谐。絮絮叨叨的抱怨以及由此带来的不和谐通常归因于对性缺乏了解。如果爱、浪漫再加上对性激情与功能的正确理解，夫妻之间就会和睦相处。

如果妻子能了解爱、性激情和浪漫之间的真正关系，那么她的丈夫是幸运的。受到这三种神圣组合所激励时，没有一种劳动会成为负担，因为此时，即使最低等的劳动形式也是基于爱而产生的。

有一句古老的谚语说："女人可以成就一个男人，也可以毁掉一个男人。"但其原因并不清楚。"成就"和"毁灭"其实就在于女人是否了解"爱"、"性"和"浪漫情感"。

假如一个女人让男人对她失去兴趣而对另外一个女人产生兴趣，通常是因为她对于性、爱和浪漫情感的无知和漠视所导致的。这种说法的前提当然是假设他们之间曾经存在一份真爱。已婚者经常为各种琐事争吵不休。假如仔细分析起来，你会发现这些难题的真正原因，就是不了解或不关心爱、性和浪漫情感等问题。

没有女性的财富毫无价值

男人最强大的动力是取悦女人的欲望！文明曙光出现以前的史前时代中，猎手之所以要表现杰出，就是想赢得女人的青睐。在这方面，男人的本性从古至今未曾改变。今日的"猎手"带回家的不是野兽的毛皮，而是华服、汽车和财富，以博得女人欢心。现代男人取悦女人的欲望与史前没有改变。唯一改变的是取悦女人的方式。男人之所以要积累巨财、获得权势和名誉，主要还是为了满足取悦女人的欲望。如果生命中的女人被夺走，那么再多的财富对大多数男人而言都没有意义。赋予男人成就或毁灭男人能力的，正是男人天生想取悦女人的欲望。

了解男人的本性并巧妙地迎合其需要的女人，无须担心来自其他女人的竞争。男人在和其他男人打交道时，可能是个具有不屈不挠意志力的“巨人”，但他所选的女人却总能轻易地摆布他。

大部分男人不会承认易受自己喜爱的女人影响，因为雄性动物天性喜欢被认为是物种中的强者。此外，聪明女人也会认同这种男子气概，明智地对这一点不予争辩。

有些男人知道自己易受女人（妻子、母亲或姊妹）的影响，但他们并不过度反对这种影响力。因为他们很聪明，知道如果没有一个合适的女人对其施加适度影响，他们就不会快乐，也是不完整的。认识不到这一重要事实的男人，就失去了取得成就所需的最强大的力量。

THINK AND GROW RICH

第12章 潜意识

连接环节——致富第十一步

潜意识由一个意识领域组成。通过5种感官到达意识的每种意念冲动都在其中被分类、记录，进而被唤醒或产生出思想念头，如同从档案中提取信函一般。

任何感觉或思想，无论性质如何，潜意识都会予以接收并分类。任何你渴望转化为实质或金钱对等物的计划、意念或目的，都可以自动植入潜意识中。潜意识首先对与情感（例如信心）相结合的主导欲望做出回应。

如果同时考虑“欲望”一章的6个步骤和构筑并执行计划一章里的要求，你就会明白其中所传达的思想的重要性了。

潜意识不分昼夜地工作。它通过人类不了解的方式，运用切合实际的媒介，自动将人的欲望转变成实质对等物。

你无法完全控制潜意识，但可以依自己的意愿将你希望转化为具体形式的计划、欲望或意向传达给它。请将“自我暗示”一章中应用“潜意识”的要求重读一遍。

如何激发潜意识的创造力

潜意识的创造性是惊人的，它激励个人的力量非同小可。

每次谈到潜意识时，我总不免自感渺小与卑微，或许这正是人类对此知之甚少的原因。

如果接受潜意识存在的事实，了解它可能成为将欲望转化为实质或金钱对等物的一种媒介，你就会了解“欲望”一章的全部意义。你也会明白为什么必须清楚自己的欲望以及为何要把它写成文字，你当然也会了解毅力对于实行这些指示的必要性。

这13项原则就是一些激励物，凭借它们，你就能获取接触与影响潜意识的能力。第一次尝试此做法失败时，千万别气馁。

记住，在“信心”一章的指示下，潜意识只有通过习惯才能受到自己的意愿指引。也许目前你还无法建立信心，但只要有耐心、有毅力，你一定可以培养出信心。

为了培养你的潜意识，在此将重述“信心”和“自我暗示”两章中的许多说法。

记住，无论是否努力施加影响，你的潜意识都会自动起作用。这一点自然也是在暗示你，恐惧和贫穷的想法以及所有消极负面的思想，也能充当潜意识的刺激物，除非你能掌控这些冲动，并给潜意识提供更适宜的养分。

潜意识不会无所事事！假如由于疏忽，你没有在潜意识中植入欲望，它就会接受任何思想。我们已经说过，意念冲动无论消极还是积极，都不断地通过三种途径（“性欲转换的奥秘”一章提过的）传达给潜意识。

你每天都生活在各种意念冲动中，它们在不知不觉中被不断传递给潜意识。现在，如果能记得这一点就足够了。这些意念冲动有的消极，有的积极。你现在要努力抑制消极的冲动，并通过积极的欲望冲动自动对潜意识施加影响。

当你做到这一点时，就拥有了开启潜意识之门的钥匙。不只如此，你还会完全控制这扇门从而使不利的意念无从影响潜意识。

如果没有意念的产生，人类就创造不出任何东西。在想象力的帮助之下，意念冲动可以生成计划。在控制之下，想象力可用来创造计划或目标，引导个人在自己选择的事业上走向成功。

所有意图转化为实质对等物而自动植入潜意识的意念冲动，都必须通过想象力与信心相结合。也就是说，将信心与计划或目标相结合，再传达到潜意识的过程，唯有通过想象力才能完成。

通过这些叙述，你已经注意到，要自觉地利用潜意识，需要协调应用所有原则。

利用积极情感

与情绪或情感相结合的意念冲动，比单独由理性产生的意念冲动更容易影响潜意识。事实上，“只有被赋予情感的意念，才能对潜意识产生行动的影响力”。对这一理论的例证比比皆是。情绪或情感可以控制大多数人，这是大家所熟知的事实。如果潜意识真的对融合了情绪的意念冲动有较快的回应，也较易受它们影响的话，那么就有必要了解这些重要的情感。

主要的积极情感有7种，消极情感也有7种。消极情感会自动注入意念冲动中，而那正是确保进入潜意识的通道。积极情感则需通过“自我暗示”能注入个人希望传递给潜意识的意念冲动之中（有关指示见“自我暗示”一章）。

这些情绪或情感冲动就像面包中的发酵粉，因为它们构成了行动要素，可将意念冲动的状态由被动化为主动。

所以，我们不难理解，与情感相结合的意念冲动会比“冷静理智”产生的意念冲动更容易发挥作用。

现在，你正准备影响和控制潜意识的“内在听众”，以便能将那股对金钱的欲望传达给潜意识。

因此，你必须了解接近“内在听众”的方式，必须说它能懂的语言，否则它就不会注意到你的召唤。它最了解的语言就是情绪或情感的语言，所以让我们在此列出7种主要的积极情感和7种主要的消极情感，这样，你在给潜意识下达命令时，就可以利用积极情感而避免消极情感了。

7种积极情感

欲望	热忱	信心
浪漫	爱	希望
性		

当然还有其他情感，但以上这些是最强大的7种，也是创造性工作应用最普遍的7种。

掌控这7种情感（唯有通过使用方能掌控它们），然后其他积极情感就会在需要时为你所用。因此，要记住，你正在阅读的这本书会让你心中充满积极情感，帮助你培养“金钱意识”。

7种消极情感

恐惧	贪婪	忌妒
迷信	怨恨	愤怒
报复		

积极情感和消极情感不会同时存在于心，一定只有一种占据主导地位。你有责任让积极情感成为内心的主宰力量。在此能帮助你的是“习惯法则”，养成应用与利用积极情感的习惯，最后

它们将完全支配你的内心，将消极情感拒之门外。

只有刻意且持续地遵循这些指示，才能获得掌握潜意识的力量。只要意识中出现一种消极情感，就足以摧毁所有来自潜意识的建设性机会。

THINK AND GROW RICH

第13章 大脑

思想的广播站和接收站——致富第十二步

40多年前，作者与埃尔默·盖茨博士、已故的亚历山大·格雷厄姆·贝尔博士共同发现，人类的大脑既是思想震波的广播站，也是接收站。

与无线电广播原理相似，每个人的大脑都能够接收他人大脑释放出来的思想震波。

根据这个原理，与“想象力”一章中所讲的创造型想象力进行一下比较和思考。创造型想象力是大脑的“接收装置”，它接收他人大脑释放出来的思想。这是意识或者理性思维与接收思想刺激的4个来源之间的沟通工具。

受到刺激或者震波加快到较高的频率时，内心就更容易接收外来渠道传递来的思想。这个加速过程通过积极情感或消极情感完成。在情感的作用下，思想震波可能会加速。

就强度和驱动力而言，性高居人类各种情感之首。与情绪稳定或没有情绪时相比，受到性刺激时，大脑的工作频率要快得多。

性欲转化的结果是思想的提升，它使创造型想象力极易接收意念。另一方面，当大脑快速工作时，它不仅能够吸引他人大脑释放出来的思想和意念，也会在自己的思想意念中产生一种感觉，而这种感觉正是意念被潜意识接收并产生作用之前所必需的。

潜意识是大脑的“发射站”，思想震波通过它被发送出去。

创造型想象力是用来获得思想能量的“接收器”。

除了潜意识的重要因素、创造型想象力的功能（二者构成了大脑广播设备的发射与接收装置）外，再考虑一下“自我暗示”的原则，它是使“广播站”发挥功能的工具。

通过“自我暗示”一章提供的指示，你已经知道了将欲望转化成金钱对等物的方法。

操作大脑“广播站”是一个相当简单的过程。使用“广播站”时，你要熟记并运用的只有三个原则——潜意识、创造型想象力和自我暗示。我已经将这三种原则付诸行动的刺激物做了详细描述——这一过程始于欲望。

神奇的大脑

最后但同样重要的一点是，人们即使拥有显赫的文化与教育背景，仍然很少或完全不了解思想的无形力量。对于有形大脑以及可用来将思想转化为物质对等物的庞大网络，他所知的也只有一点点，但现在人类正进入一个启蒙思想的新时代。科学家已经开始将注意力转向被称为“大脑”的这个惊人物体。虽然仍处于研究的启蒙阶段，但科学家已经发现足够的知识，证明人脑的中央配电盘中，连接脑细胞的线路数目等于数字1后面再加上1 500万个“0”。

“这个数字太惊人了，”芝加哥大学的贾德森·赫里克博士说，“比较起来，处理数亿光年的天文数字就显得微不足道了。据估计，人类的大脑皮层中有100亿~140亿个神经细胞，而且我们知道这些细胞都以一定的方式排列。这些排列不是随意的，而是井然有序的。最近开发出来的电生理学方法从精确定位的细胞中，或具有微电极的纤维中，排除其作用电流，再以无线电管增强它，结果记录的潜在差异达到了百万分之一伏特。”

这样一个错综复杂的网络存在的唯一目的，就是延续身体成长和维持身体功能，这实在让人难以置信。这样的系统能够为数十亿个脑细胞提供彼此沟通的通道，那么它能不能也为我们提供与其他微妙的力量进行沟通的方式呢？

《纽约时报》的一篇评论显示，在精神现象领域，至少有一所伟大的大学和一位聪明的研究员正在进行一项有组织的研究，得出的结论与本章及下章的内容大体相同。这篇评论简要地分析了莱恩博士及其在杜克大学的同事所做的工作。

什么是“心灵感应”

莱恩博士及其同事在杜克大学取得了卓越成果。他们在不下10万次的试验中，证实了“心灵感应”和“超感视觉”的存在。这些结果在《哈珀斯杂志》的前两篇文章中做了概述。而后发表的又一篇文章中，作者赖特试图将有关这些“超感觉力”的所有发现或者一些似乎合理的解释做了一个总结。

现在，基于莱恩博士的实验结果，一些科学家认为，心灵感应与超感觉确实存在。在试验中，有多位具有超感觉力的人被要求在看不到且无法感觉到纸牌的情况下，将一副特定的纸牌尽可能地说出来。结果发现，约有20个人可以准确地识别纸牌，其正确数目之多足以令人得出结论：“他们绝不可能靠运气或巧合而表现出这样的技巧。”

但他们是如何做到这一点的呢？假定确实存在这些力量，但它们似乎又是感觉不到的。现有的器官不可能产生这样的感觉。

这项实验在数百里之外做与在同一个房间内做同样有效。赖特先生认为，这些事实同时显示出，有人试图通过物理放射理论来解释心灵感应与超感觉。任何已知形式的放射能量都会随着距离的加大而减弱，但心灵感应和超感觉却不是这样，它们的确会依实际目标而改变，正如其他精神力量一样。与普遍的看法不同，具有超感觉的人睡着或处于半睡眠状态时，这种现象不会增强，相反，当他清醒或警觉时，这些力量最强。莱恩发现，麻醉剂会不可避免地降低超感觉者的分数，而刺激物则总会提升分数。即使是最可靠的试验对象，也必须尽其所能，否则难有良好的表现。

赖特极具信心地得出一个结论，即心灵感应和超感觉确实是一种天赋。换句话说，"看出"面朝下放在桌上的纸牌似乎和"读出"心中意念的能力是同一种力量。有几个理由可以使人相信这一点。例如，在具有上述任何一种能力的人身上已经发现了这两种天赋。而且，到现在为止，在每个人身上，这两者的活跃度几乎都完全一样。屏障、墙壁和距离都无法对任何一种力量起作用。根据他的结论，赖特进而表示，他所提出的纯粹为"预感"的其他超感觉体验、预示性梦境、灾祸预感及类似情形也有可能实际上是同一种能力。我们并不要求读者接受这里的任何一种结论，除非他们认为有必要，但莱恩收集的证据却给人留下了深刻的印象。

如何激发团队力量

莱恩博士认为，在有些情况下，大脑会对所谓的"超感觉"模式做出反应。基于他的言论，我现在荣幸地说明一个事实，以补充其证据，即我的同事和我已经发现，在我们认为理想的情况下，大脑可以得到刺激，因而使得下一章讲到的“第六感”能以实际方式发挥作用。

我所说的情况包含了我与两位同事的密切合作。通过试验和练习，我们发现了激发智慧的方式（通过运用下一章中的“隐形顾问”原则），因此，三个人的智慧合而为一，我们就可以为客户提出的各种问题找到解决办法。

这个过程非常简单。我们坐在会议桌前，说明所面临问题的性质，然后开始讨论。每个人都尽可能将自己的想法提出来。这个智慧激发方式的奇特之处，在于它使每个参与者能和自身经验之外的未知知识来源相通。

假如你明白“智囊团的力量”一章中的原则，当然就能看出，在此描述的圆桌会议程序就是智囊团的实际运作方式。

在三人之间和谐讨论某一既定问题，这种激发智慧的方式是最简单、最实际的智囊团应用例证。

通过采用和遵循类似的计划，学习这个原理的任何人，都可以拥有前言中简要介绍的卡内基秘诀。如果你现在对这一点还没有找到感觉，那么将此页标出来，等看完最后一章以后，再回头重读一遍。

THINK AND GROW RICH

第14章 第六感

通往智慧殿堂之门——致富第十三步

第13项原则就是第六感，这项原则是本哲学的顶点。只有先掌握了其他12项原则，才能完全吸收、理解和应用最后一项。

第六感就是潜意识中被称为创造型想象力的那个部分。它也是曾经提到过的“接收装置”，构想、计划和意念就是通过它进入脑海的。这种灵光乍现的情形有时就叫作“预感”或“灵感”。

第六感无法形容，也无法向尚未掌握该哲学其他原则的人描述，因为这种人没有可以和第六感对照的知识和经验。只有通过内心的发展来沉思冥想，才能对第六感有所感悟。

掌握了本书的原则后，你应该很容易接受以下说法的真实性(否则你会认为它不可思议)，也就是说：

借助第六感的帮助，对于即将发生的危险，你会及时得到警告而得以避免，而且你也能及时发现机会的来临并拥抱它。

随着第六感的发展，会有一位“守护天使”出来帮助你，服从你的意志，为你开启智慧殿堂的大门。

第六感的奇迹

我既不是“奇迹”的信奉者，也不是“奇迹”的鼓吹者，因为我对自然界有足够的了解，知道大自然从来不会偏离既定的法则。有些法则非常难以理解，所以产生了一些看似“奇迹”的东西。第六感就是我所经历过的最接近奇迹的东西。

我知道，有一种力量或者说原动力，渗透在每种物质的原子之中，拥抱着人们感受到的每个能量单位。有了这种力量，橡树种子可以成长为橡树，泉水遵循重力原理流下山坡，四季更迭，日夜循环，万物各得其所，相得益彰。运用这一哲学规律，欲望就可以转化为具体或实际形态。

读完前面各章，你已经被逐步引入最后这个原则。假如你已经掌握了前面各项原则，现在就可以接受（而且毫不怀疑地）这里的惊人说法了。假如你还未掌握其他原则，那么你必须先补上这一课，才可以明确地判断本章所说的是事实还是虚构。

在“英雄崇拜”年代，我努力模仿最崇拜的那些人。此外我发现，自己努力模仿偶像所依靠的信心使我能成功地做到这一点。

让伟人塑造你的人生

我从未完全丢掉崇拜英雄的习惯。经验告诉我，即使无法成为真正的伟人，也要模仿伟人，在感觉和行动上尽可能地接近他们。

早在发表一首小诗或试图在众人面前发表演说之前，我就养成了一个习惯，想通过模仿9个人来重塑自己的个性。这9个人的一生和成就对我的影响最大，他们是爱默生、潘恩、爱迪生、达尔文、林肯、伯班克、拿破仑、福特和卡内基。好几年内，我每晚都假想和这些人开咨询会议，我把他们称为我的“隐形顾问”。

过程是这样的：晚上睡觉之前，我闭上眼睛，在想象中看到我和这群人一起围坐在会议桌前。这时候，我不仅有机会坐在伟人当中，还担任主席，实际指挥这群人。

我带着一个非常明确的目标，参加每夜一次的想象聚会。我的目的就是要重塑自己的性格，使之成为这群假想顾问个性的综合体。很早我就认识到，必须克服无知和迷信环境形成的障碍。所以我有意运用上述方法，以求重塑自我。

通过自我暗示塑造个性

我当然知道，所有人都是由于自己的主宰意念和欲望而成为目前的样子的。我知道，每个深藏的欲望都能促使个人寻求外在表现，通过这种表现，欲望就可以得到满足。我知道，自我暗示是个性塑造过程中一项很有力的因素，事实上，它也是用来塑造个性的唯一原则。

有了这些认识，我就具备了重塑个性所需的装备。在这些假想会议中，我要求“内阁成员”提供我需要的知识，我会对着他们说：

> 爱默生先生，我渴望从你那里获得了解自然的神奇力量，它曾使你的一生如此杰出不凡。我要求你将所有品质，也就是那些使你了解并适应自然规律的品质，深藏在我的潜意识中。
>
> 伯班克先生，我要求你教授致使你与自然规律如此协调一致的知识。依靠这些知识，你使仙人掌除去尖刺，成为可吃的食物。告诉我你如何使只长一片叶子的草长出了两片叶。
>
> 拿破仑，我要向你学习，我渴望获得你所具有的神奇才能，这种才能可以鼓舞他人，激发出更大、更坚定的行动精神。同时，我还想获得你转败为胜、克服巨大

障碍的持久信心。

潘恩先生，我渴望从你那里获得思想自由以及表达见解的勇气与清晰思维，它们让你如此卓尔不凡。

达尔文先生，我希望从你那里获得永无止境的耐心，以及你在自然科学领域中清楚示例、客观公正地研究因果关系的能力。

林肯先生，我希望在自己的性格中塑造你特有的强烈正义感、永不疲倦的耐性、幽默感和对人的理解与宽容。

卡内基先生，我希望彻底了解你用来有效建立庞大工业企业的各项组织原则。

福特先生，我希望获得你不屈不挠的精神、决心、镇定和自信心，这些品质使你战胜贫困并组织、团结及简化人类的工作，使我得以帮助他人，让他们沿着你的足迹前进。

爱迪生先生，我希望从你那里获得用来揭示无数自然奥秘的自信心，以及你不辞辛苦、经常从失败中夺回胜利的不懈精神。

想象力的惊人力量

根据当时最想获得的个性特征，我向假想的内阁成员讲话的方式会有所变化。我极其认真地研究过他们的生平记录。这种晚间会议历经数月之后，我惊异地发现这些假想人物竟然变得活灵活现。

让我感到惊讶的是，这9个人的性格各不相同。例如，林肯有迟到的习惯，还习惯迈着沉稳的步伐走来走去。他的脸上总是挂着严肃的表情，我很少见到他笑。

其他几位可就不同了。伯班克和潘恩经常沉浸在机智的对话中，那些话有时似乎让其他阁员感到震惊。有一次，伯班克迟到了，他来到时兴高采烈，并解释说他是因为正在做一项实验才迟到的，他希望通过这项实验使任何一种树都能长出苹果来。听完这话，潘恩讥讽他说，男女之间的所有麻烦都是从苹果开始的。达尔文开心地哈哈大笑，提醒潘恩到森林采摘苹果时要特别小心小蛇，因为它们会长成大蛇。爱默生听了之后说："没有蛇，就没有苹果。"①拿破仑又加上一句："没有苹果，就没有国家！"②

这些会议如此真实，让我对其后果感到恐惧，数月不敢再想此事。这些体验非常怪诞，我担心如果这样下去，我会忘记这样一个事实，即这些会议只不过是纯粹的想象而已。

这是我第一次鼓足勇气提起这件事情。在此之前，我一直对此保持沉默，因为考虑到我自己对它们的态度，我说出这些非凡体验定会被人误解。我现在已经有勇气将这些亲身体验写成文字，因为我已不像以往那样对"他们的言语"感到惴惴不安了。

为了不被误解，我希望在此郑重强调，我依然认为"内阁会议"纯粹属于想象。但是我有权说明，虽然"内阁成员"纯粹是虚构的，会议也只是存在于我的想象之中，但这些却带领我走上

---

① 在《圣经》中，蛇怂恿夏娃吃了智慧树上的果子，因而受到了上帝的惩罚。——译者注

② 在奥威尔的《动物庄园》中，作者描写了动物中的特权阶级——猪。猪享用其他动物无法享用的牛奶和苹果，还说是"为了你们，我才喝牛奶、吃苹果的"。在书中，作者用猪来影射拿破仑。

了辉煌的进取之路，重燃了我对伟大事业的向往，激发了我的创造性，让我有了表达真实思想的勇气。

开启灵感的源泉

大脑的细胞结构中存在一个接收意念震波（一般称为“预感”）的器官。科学至今还不知道这个第六感官位于何处，但这并不重要。人类的确可以通过身体感官之外的来源接收准确的知识，这仍是事实。通常，当大脑受到非凡刺激时，这些知识就可以接收得到。任何激发情感、让心跳加速的紧急状态通常都会使第六感活跃起来。曾在驾车时差点儿遭遇车祸的人都知道，在这些情况下，第六感总会在千钧一发之际出现，从而避免事故。

通过上述事实，我想说的是，与“隐形内阁”会面时，我发现大脑最容易接收通过第六感传来的构想、思想和知识。

在我数十次面临紧急情况时（有些甚至严重危及生命），通过“隐形内阁”的影响力，我都在奇迹的指引下渡过了难关。

与虚拟人物会面的初衷，只是想凭借自我暗示原则，让潜意识对我希望获得的一切留下深刻的印象。最近几年，我的实验开始出现异于之前的做法。现在，我会拿困扰我和客户的难题来请教虚拟顾问。虽然我并不完全依靠这种咨询方式，但它却经常有着惊人的效果。

缓慢增长的强大力量

第六感不是个人可以随意取舍的东西，运用这股强大力量的能力是通过运用本书各项原则而逐渐获得的。

无论你是谁或怀着何种目的阅读此书，即使你不了解本章所描述的原则，也一样能因它而受益。

这一章之所以被纳入本书，是因为本书的宗旨是提供一种完整的哲学，让个人可以正确无误地指引自己，获得人生中追求的一切。任何成就的起点都是欲望，终极目标则是寻求认识——认识自我、认识他人、认识自然规律、认识和理解幸福。

只有通过熟悉和运用第六感原则，这种了解认识才会日臻完善。

读完本章后，你肯定已经发现，自己已经被提升到了一个较高的心理层面上。真棒！一个月后再回到这里，重读一遍，你会注意到自己的心将飞向更高的层面。要经常重温这一体验，此时不要在意自己学了多少，到最后你就会发现自己拥有了一种力量，使你能够抛开失意气馁，驾驭恐惧，克服拖延症并自由地运用想象力。这样，你已经感受到那个未知的“东西”了，它永远都是每一位真正伟大的思想家、领袖、艺术家、音乐家、作家和政治家的驱动力。届时，你就能够化欲望为经济对等物，这种情形就和你一遇到挫折就立即放弃一样容易。

THINK AND GROW RICH

第15章 6种恐惧

剖析自我，找出成功路上的“拦路虎”

在成功运用本哲学的任何部分之前，你必须做好接受它的准备。准备工作并不难，首先要研究、分析和认识**必须除掉的三个敌人：犹豫、怀疑和恐惧。**

只要头脑中有这三种或其中任何一种消极情感，第六感就无法发挥作用。这三种负面情感紧密相连，找到一个，另外两个也就近在咫尺了。

犹豫是恐惧的幼苗！读本书时请记住这一点。犹豫会变成怀疑，两者结合在一起就是恐惧！“结合”过程通常是缓慢的。这也是这三种敌人非常危险的一个原因。在不知不觉中，它们逐渐发芽、生长。

本章讲述的就是在实际应用整个哲学前，你首先需要实现的目标；此外，还分析了导致许多人贫困的情形，也讲述了一项所有致富者需要了解的事实：财富可能是金钱，还可能是大于金钱价值的心态。

本章的主要目的是分析6种基本恐惧的原因和补救方法。在征服敌人之前，我们必须知道它的名称、习性和所处位置。阅读时，请仔细分析一下自己，并检查你是否有这六种常见的恐惧。

不要被这些狡猾敌人的习性所欺骗。有时候，它们会隐形于潜意识中，使你很难找到它们的位置，更难除掉它们。

6 种基本恐惧

基本恐惧有6种，每个人总有一些时候会受到恐惧的困扰。如果可以完全不被这6种恐惧所困扰，那么大多数人都会是幸运的。按照最常见的顺序排列，这6种恐惧是：

恐惧贫穷	恐惧批评	恐惧病痛
恐惧失去爱情	恐惧衰老	恐惧死亡

其他恐惧都可归于这6种之下。

恐惧其实不过是一种心理状态，而一个人的心态是可以控制和引导的。

如果不经过意念冲动形式的构思，人就不可能有任何创造。此外，还有一个更重要的说法，那就是：人的意念冲动，不管是自觉的，还是不自觉的，都会很快转化为它的实质对等物。俯拾偶得的意念冲动，也就是他人头脑中释放出来的意念，与有目的、有计划的个人意念一样，也能决定一个人的经济、商业、职业或社会命运。

很多人不明白为什么某些人似乎就比较“幸运”，而另外一些在能力、教育背景、经历和智力等方面与之相当、甚至更优越的人却注定伴随着不幸，这是一个重要的事实。有个说法或许可以解释这个事实，即**每个人都有能力完全控制自己的意志**，很显然，借助这种控制力，每个人都有可能敞开心扉，接受由他人脑中释放出来的游移不定的意念冲动；他也可以紧闭心门，只接受自己选择的意念冲动。

自然是人与生俱来就能绝对控制的，只有一个东西，那就是意念。这个事实和“人的创造始于意念”的事实结合起来，就能使人十分接近控制恐惧的原则。

假如所有的意念真的都有以实质对等物来表现自己的倾向（这的确是不容怀疑的事实），那么恐惧和贫穷的意念冲动，也就真的无法化为勇气和经济利益。

恐惧贫穷

贫穷和财富之间没有折中！通往贫穷和财富的路背道而驰。假如你想要财富，就必须拒绝接受任何导致贫穷的环境（此处使用的“财富”一词是最广义的解释，它指的是经济、精神、心理和物质的资产）。通往财富之路的起点，就是欲望。在第1章中，你已经知道了如何正确使用欲望。而在谈论“恐惧”的这一章中，则彻底地教你做好实际应用欲望的心理准备。

那么，这里就给你提出一个挑战，让你准确测定自己对本哲学了解多少。这也正是你可以成为先知，且准确预知未来的关键。如果读了本章内容后，你愿意接受贫穷，当然也可以决意这样做。你必须做出决定。

假如你要财富，那么要决定是何种财富，以及多少财富才能令你满足。你已经知道了通往财富之路，也得到了路线图，如果你循着路线图前进，就不会迷路。假如你踌躇不前或浅尝辄止，那么你自己就难辞其咎，这是你的责任。假如你现在无力要求或拒绝要求人生的财富，那么你更没有借口逃避责任，因为**接受财富只需一样东西——心态**。心态是个人表现出来的东西，它无法用金钱购买，而必须由你创造出来。

最具破坏性的恐惧

恐惧贫穷是一种心态，仅此而已！但它足以毁掉一个人所有的成功机会。

这种恐惧会摧毁人的理性，破坏想象力，扼杀自立，侵蚀热情，挫伤进取心，导致目标摇摆不定，助长惰性，使人无法自制；它使人失去个性中的吸引力，破坏准确思考的能力，转移专注力；它会控制毅力，使意志力荡然无存，毁掉抱负，混淆记忆，并以各种可能的方式招来失败；它扼杀爱，破坏心中的美好情感，阻挠友谊并引来各种各样的灾难，导致失眠、悲伤与不幸。尽管我们所居住的世界充斥着我们渴望得到的东西，而且除了缺乏明确目标之外，没有任何东西会横阻在我们与欲望之间，但是以上不幸仍会发生。

无疑，恐惧贫穷是6种基本恐惧中最具破坏性的一种。它高居榜首，因为它是最难控制的。对贫穷的恐惧产生于人类与生俱来、在经济上掠夺同伴的倾向。几乎所有比人类低等的动物都受本能驱使，但由于它们的思考能力有限，因此它们只会在肉体上彼此掠夺。人由于具备较优越的直觉，有思考和推理能力，不会杀食同类，而是从经济上"吞食"同类从而获得更大的满足。由于人类如此贪婪，所以才会通过各种可能的法律手段来保护自己免受同类的威胁。

带给人类痛苦和屈辱的莫过于贫穷了！只有体验过贫穷的人才能充分理解它的含义。

也难怪有人害怕贫穷。通过世世代代的经验，人类已经确信，人与人之间不可信任，而金钱物质和世俗财产才是值得看重的。

人类如此渴望获得财富，因此会想方设法地获得，如果可能就使用合法手段，如果必要或方便，他们也会采用其他方式。

自我剖析可能会揭露个人不愿承认的弱点。对任何不满于平庸和贫穷的人，这种审视都是必要的。请记住，审视自己时，你既是法官，也是陪审团；既是检察官，也是辩护律师；既是原告，也是被告；而且，接受审判的也是你。公正地面对事实，向自己提出明确的问题，要求自己立即做出回答。审视结束后，你将更加了解自己。如果你觉得在这项审视中自己无法做一位公正的法官，那么在询问自己的时候，请一位深入了解你的人担任法官。你要得到的是真实情况，无论要付出什么代价，即使会暂时令你窘迫也要得到实情。

如果问及最怕什么时，大多数人都会回答："我什么都不怕。"这个回答并不正确，因为很少有人知道，由于某种恐惧，人的精神和肉体会受到束缚、阻碍和打击。

由于恐惧情绪非常狡猾与隐蔽，一个人可能一生背负着它却丝毫没有察觉。只有勇敢的分析才能使人类这个共同的敌人现出原形。开始分析时，要从性格深处去探寻。以下列举了你应该探寻的症状。

恐惧贫穷的症状

凡事漠不关心。通常的表现是缺乏抱负，情愿忍受贫穷，毫无异议地接受生活提供的任何报酬，心理和生理上的怠惰，缺乏主动性、想象力、热情和自制力。

犹豫不决。容许他人替自己思考，总是持观望态度。

怀疑。通常的表现是故意掩饰个人的失败或寻找托词和借口，有时表现为忌妒或批评别人的成功。

焦虑。通常表现为对他人吹毛求疵、喜欢透支挥霍、不拘外表、蹙额皱眉、过度饮酒、紧张、缺乏镇定和自我认知。

过度谨慎。喜欢探究所有的消极负面情况，不注重寻找成功的方法，反而考虑和谈论可能会有的失败。熟悉每条通往灾祸的途径，却从不寻求避免失败的计划。总要等待“时机适当”才将构想和计划付诸行动，结果等待成了永久的习惯。只记得那些失败者，而忘了成功者。只看到面包圈中间的空洞，却忽略了面包圈本身。心怀悲观态度，导致消化不良、排泄不畅、呼吸不畅以及脾气暴躁。

拖延症。习惯将早就该做的事拖到明天，将足以完成工作的时间花费在编织托词和借口上。这种症状与过度谨慎、怀疑、焦虑有密切的关系。只要能逃避，就拒绝承担责任。宁可妥协，也不愿奋斗，不把困难当成进步的踏板，却向困难低头。向生活索求蝇头小利，而不放眼成功、机会、财富、满足和幸福。不肯破釜沉舟、勇往直前，却总是盘算如何面对失败。缺乏或完全没有自信心、明确的目标、自制力、动机、热情、抱负、节俭和健全的推理能力。不要求财富，却期待贫穷，与安于贫穷的人为伍，而不试图结交要求并获得财富的人。

金钱万能

有人会问：“你为什么要写一本有关金钱的书？为什么只用金钱衡量财富？”有些人会认为，还有比金钱更值得追求的财富形式，这也是有道理的。没错，是有金钱无法衡量的财富，但也有数百万人会说：“给我所需的钱，我就能找到任何想要的其他东西。”

我写这本书，讨论如何获取金钱，主要是因为数百万男男女女都被贫穷的恐惧吓倒了。韦斯特布鲁克·佩格勒清楚地阐明了这种恐惧对人的影响：

> 金钱只是贝壳、金属片或纸片，有一些心灵或精神财富是金钱买不到的。但大部分一文不名的人却不记得这一点，从而振作起精神。当一个人失魂落魄、流离失所、无事可做时，他的精神就会发生变化，从他低垂的双肩、歪斜的帽子以及步伐和眼神中就能看出来。身处有固定工作的人中间，他总是难以摆脱自卑感，即使他知道这些人在人格、智慧和能力上都无法和自己相提并论。

而这些人（甚至是他的朋友）则会存在一种优越感，或许无意中把他视为受害者。他可以一时借贷，但总无法维持惯常的生活方式，也无法长期借贷。当一个人为生存而借贷时，借贷本身就成为一种令人沮丧的事情，而且也无法像挣来的钱一样令人焕发精神。当然，这些话并不适用于游手好闲的懒汉，只适用于那些有抱负和有自尊的人。

处于相同困境的女人肯定不一样。谈到贫困潦倒的人时，我们无论如何也想不到女人。她们很少站在等待救济的队伍中，很少见到她们在街上乞讨，而且在人群中，她们也不像穷困的男人一样具有清晰可辨的特征。当然，我指的不是那些像游手好闲的男性乞讨者一样在城市街道上蹒跚而行的老妇人，我指的是那些相当年轻、气质高雅和聪明的女子。这种人一定也有许多，但她们的失意并不明显。

当一个人穷困潦倒时，他就有了沉思的时间。他可能不远数里去找某个人求职，结果却发现空缺的职位已被补上，或者工作没有底薪，只能靠销售一些没人会买（除非出于同情）的无用小物件来赚取佣金而已。放弃这份工作之后，他只能又回到街上，无家可归，四处游荡。他走啊走啊，注视着橱窗内不属于自己的奢侈品，心中深感自卑，于是让位给那些兴趣盎然、驻足观望的人。他可能游荡到火车站，或到图书馆歇歇脚，取点儿暖，但那不是找工作，所以还得继续流浪。他可能不知道，即使体形外貌并未流露出他的境况，他漫无目标的行为本身已经说明了一切。他或许身着以前有工作时留下的好衣服，但这些好衣服也掩饰不了他的消沉。

看着那些有工作的人个个忙忙碌碌，他从内心深处羡慕他们。他们拥有独立性、自尊心和人格，于是他无法让自己相信——自己也是一个好人，虽然他时时极力争辩，有时也能得到有利于自己的结论。

造成这种差异的就是金钱。只要有一点儿钱，他就能恢复自信了。

恐惧批评

人最初是如何产生这种恐惧的，没人能说清楚，但有一点可以确定——它是高于一般形式的恐惧。

作者倾向于认为恐惧批评属于人类与生俱来的天性的一部分，这一点使他不仅夺走同胞的物品，还批评同胞的人格从而使自己的行为合理化。众所周知，小偷会评论被他偷盗的人，政客不是通过展现自己的美德和才华，而是通过诋毁对手的名誉而获得职位的。

聪明的服装业者毫不迟疑地利用人们这种对批评的恐惧，而这种恐惧正是人类的通病。所以，每个季节的服装款式都在变化。是谁决定着这些款式呢？当然不是服装购买者，而是生产者。生产者为什么经常变换款式呢？答案很明显。变换款式的目的是卖掉更多衣服。

出于同样的原因，汽车厂商每个季度也更换车型。没人不想开上最新款式的汽车。

恐惧批评会剥夺人们的主动性，摧毁其想象力，限制其个性，夺走其自立品格，并以各种可能的其他方式害人。父母经常批评孩子，会给孩子造成无法弥补的伤害。我有一位童年好友，他的母亲几乎每天都要打他，打完后总说："到不了20岁，你就得进劳教所。"结果他在17岁那年进了劳教所。

批评是人们做得太多的一件事。每个人总有一大堆的批评，无论别人接受与否，他们都会免费奉送。最亲近的人就是最经常被批评的人。任何家长如果通过不必要的批评而使孩子心中产生自卑，就应视为一种罪过（事实上它是情节最严重的一种罪过）。善解人意的雇主会凭借建设性建议而非批评来挖掘人们的最大潜力，父母也可在孩子身上获得同样的效果。批评会在心中种下恐惧或憎恨，而不会建立起爱与关怀。

恐惧批评的症状

这项恐惧几乎和恐惧贫穷一样随处可见，对个人成就有同样致命的影响，主要是因为这种恐惧会摧毁主动性，扼杀想象力。这种恐惧的主要症状有：

自我意识。通常表现为紧张、害怕与人交谈、不敢见生人、手足无措、眨眼。

不镇静。表现为声音失控、在他人面前紧张、体态不佳、记忆力差。

没有个性。缺乏决断力、个人魅力以及明确表达意见的能力。无法公正面对问题，而习惯于逃避。对他人意见不加深思就随声附和。

自卑。口头及行为上习惯表现出自我赞许，目的在于掩饰自卑感；使用生僻字眼以期给人留下印象，但并不了解那些字眼的确切含义；模仿他人的衣着、言谈和举止；夸耀虚构的成就，这一点有时会造成一种优越感的表象。

奢侈。试图像有钱人一样花钱，但经常入不敷出。

缺乏主动性。无法掌握自我提高的机会，害怕表达意见，对自己的构想缺乏信心，对上司的问题闪烁其词，言谈和态度犹豫不决，言行中暗藏欺骗。

缺乏抱负。身心懒惰，缺乏主见，易受影响；人后批评，人前奉承，习惯于毫无异议地接受失败，或因他人不满而中止工作；毫无理由地怀疑他人，行为言谈缺乏技巧，犯错误而不愿接受指责。

恐惧病痛

这项恐惧可追溯到身体和社会的遗传特性，它的根源则与恐惧年老和恐惧死亡的理由密切相关，因为它会把人带到“恐怖世界”的边缘。人类对这个世界一无所知，对它的认识只是一些令人不快的故事。同时，一种相当普遍的看法认为，某些不道德的人，通过提醒人们对病痛的恐惧而从事“出售健康”的生意。

主要说来，人害怕病痛，是因为心中对死亡可能带来的后果产生了恐怖印象。此外，病痛可能带来的经济负担也是令人恐惧的原因。

一位颇具声望的内科医生估计，在所有寻求医生专业服务的人当中，有75%的人患的是忧郁症（即假想的疾病）。可靠的事实显示，对于病痛的恐惧，即使毫无理由，也经常会产生相应的身体症状。

人类的心理作用真是强大而有力！它既可以成事，也可以败事。

数年前进行的一连串实验证实，暗示可以使人生病。我们的实验是请三个熟人拜访“受害者”，并让他们分别问这个问题：“你怎么了？你看起来病得很严重啊。”实验对象通常会对第一个发问者笑一笑，若无其事地说：“哦，没事，我很好。”第二个发问者得到的答案通常是：“我也不太清楚，但我真觉得很不舒服。”回答第三位发问者时，实验对象通常会坦白承认自己真的病了。

假如你不相信这会令人不适的话，找个熟人试验一下，但不要过火。有一个教派的会员就是以巫术来报复敌人的。他们称之为在受害者身上“下咒”。

大量证据显示，疾病有时始于消极的意念冲动。这种冲动可以通过暗示由一个人传给另外一个人，或者从一个人的内心产生出来。

记得有个人曾说：“别人问我怎么了时，我总想回敬他一拳。”这个人显然比上述案例中的人更聪明。

医生会要求病人为了健康而改变环境，因为“心态”的改变是必要的。恐惧病痛的种子埋在每个人心中。焦虑、恐惧、沮丧、情场与事业失意，都会促使这颗种子萌芽、生长。

位居恐惧病痛原因之首的是事业与情场的失意。有个年轻人因为爱情失意而进了医院，他在生死之间徘徊了数月。后来请来一位心理专家，专家建议换掉护士，请一位非常迷人的姑娘照顾他，姑娘从接受这项工作的第一天起，就开始向这个病人表达爱意（经医师的事先安排）。不到三个星期，病人就出院了——他又恋爱了。此前的疗法虽然是一个骗局，但后来病人和护士真的结婚了。

恐惧病痛的症状

这几乎是一种普遍性的恐惧，其症状有：

负面的自我暗示。习惯于消极地利用自我暗示，总是寻找并预期找到各种疾病的症状。沉湎于想象中的疾病，还煞有介事地大加谈论。习惯于尝试他人推荐的“时尚”和“学说”，认为这些东西有价值。与他人谈论手术、意外以及其他疾病形式。在没有专业指导下试验各种节食、健身运动和减肥计划。尝试家庭药方、专利药品和“江湖郎中”的药。

抑郁症。习惯谈论疾病、关注疾病、认为自己会生病，直至最后精神崩溃。药瓶里的药无法治疗这种情况，它是由消极思想产生的，只有积极的意念才能产生疗效。据说抑郁症有时候和个人所担心的疾病对人造成的伤害一样大。大部分所谓的“精神”病例都来自于想象的疾病。

疏于运动。恐惧病痛常会使人懒于户外活动，使人缺乏适当的体育运动，从而导致体重过重。

抵抗力差。恐惧疾病会破坏身体自身的抵抗力，并为各种可能的传染病创造合适的环境。

恐惧疾病通常和恐惧贫穷有关系，尤其是在臆想的情况下，这类人会不断地担心可能要付的医疗费用。他们会花很多时间做生病准备、谈论疾病、存钱买墓地和支付丧葬费等。

自怜。习惯用想象的疾病引人同情（人们经常用这种伎俩逃避工作）；习惯装病以掩饰懒惰，或以此作为缺乏抱负的托词；习惯阅读有关疾病的文章，担心可能染上疾病；习惯阅读专利药品广告。

放纵。习惯利用酒或毒品消除头痛、神经痛等痛苦，而不去寻找病因并根治。

恐惧失去爱情

这项与生俱来的恐惧显然源于男人有窃取他人之妻的多妻习性，以及随时只要可能就想轻薄女人的习性。

忌妒和其他类似的精神疾病产生于人类天生对于失去某人之爱的恐惧。这种恐惧是6种恐惧中最痛苦的，它可能比其他基本恐惧更能大肆破坏人的身心。

对失去爱情的恐惧或许要追溯到石器时代，那时候，男人要靠蛮力占有女人。今天，他们的技巧改变了。现在他们不用暴力，而改用劝诱的方式，许之以华服、名车和其他比体力更有效的“诱饵”。

分析显示，女人比男人更易感受到这种恐惧。这很容易理解。

恐惧失去爱情的症状

这种恐惧的明显症状有：

忌妒。习惯毫无根据地怀疑朋友和亲人。常常毫无道理地指责妻子（或丈夫）不忠。通常对人心存怀疑，不信任任何人。

挑剔。习惯于因为小问题或毫无理由地挑剔朋友、亲人、同事和所爱的人。

赌博。习惯以赌博、偷窃、欺骗或冒险的方式用金钱换取所爱之人的欢心，认为爱情是可以购买的。习惯于透支或借贷，购买礼物给所爱的人，以博得好印象。

另外，还表现为失眠、缺乏毅力、意志软弱、缺乏自制、缺乏自立和脾气暴躁等症状。

恐惧衰老

主要来说，这种恐惧有两个来源：第一，认为衰老将导致贫穷；第二，也是最普遍的来源，是过去错误而残酷的教训。

在人们对衰老的恐惧中，有两个非常传统的理由：一是出于人对同类的不信任，因为他人可能攫取他所有的世俗财产，另一个原因在于他心目中对死后世界的恐怖印象。

人老后，普遍会有病痛的可能性，这也是导致恐惧衰老的原因。情欲也在恐惧衰老的原因之列，因为没有人希望自己的性吸引力衰减。

恐惧衰老的最普遍原因和可能的贫穷有关。“养老院”并不是个美好的字眼。任何人只要一想到要在养老院中度过余生，心里就不免一片凄凉。

另一个害怕年老的原因就是可能会失去自由和独立，因为伴随年老而来的可能就是丧失身体和经济两方面的自由。

恐惧衰老的症状

这种恐惧最常见的症状是：

早衰。约40岁左右（心理成熟的年龄）就行动迟缓并产生自卑感，错误地认为自己因为年龄的增长正在失去自我。（其实，40~60岁正是一个人的黄金时期，身心两方面都是如此。）不要只因自己四五十岁了就总是觉得自己“老了”。相反，一个人应该因为到了这个充满智慧和领悟的年龄而心存感激。

不思进取。错误地认为自己太老，从而扼杀了内在的进取心、想象力和自立能力。

故作年轻。40岁的人若习惯追求新潮的服饰和爱好，经常只会招来朋友与陌生人的嘲弄。

恐惧死亡

对一些人来说，这是所有基本恐惧中最残酷的一种。原因很明显，人类一直在问“来自何处”和“去向何方”。这是两个至今仍然没有答案的问题。我来自何处？该去向何方？所以说，对“来生”的无知，是产生这种恐惧的主要原因。

组成这个世界的只有两种东西：能量和物质。根据基础物理，我们知道物质和能量（人类已知的两个仅有事实）都无法被毁灭。

如果生命是一种物质，那么它就是能量。如果能量和物质都无法被毁灭，那么生命也是如此。生命就像其他能量形式一样，可以通过不同的转化或变化过程传递下去，但无法被毁灭。死亡只是一种转化而已。

如果死亡不只是改变或转化，那么死亡之后就只是漫长、永恒和宁静的睡眠，而你无须害怕睡眠。所以，你可以永远地消除对死亡的恐惧。

恐惧死亡的症状

这种恐惧的总体症状为：**习惯于考虑死亡，而不能尽享生活**。这通常是因为缺乏目标或没有合适的工作所致。这种恐惧经常出现在年纪较大的人身上，但有时年轻人也经常会想到死亡。

克服死亡恐惧的最佳良药就是追求成就的炽烈欲望，支持此欲望的就是对人类有益的工作。忙碌的人无暇想到死亡。

它与恐惧贫穷有关，因为一个人可能会担心自己的死亡会让亲人陷入困顿。

有时它与病痛或身体抵抗力减弱有关。恐惧死亡的最常见原因是：健康状况不佳、贫穷、没有合适的工作、爱情失意、精神错乱。

忧虑

忧虑是因恐惧而产生的一种心态，它的作用缓慢而持久。它阴险而狡猾，一步步地“渗透进来”，直到使人丧失健全的理智，毁掉人的自信心和进取心。忧虑是犹豫不决引起的持续性恐惧，因此是一种可以控制的心理状态。

不安定的心是无助的。犹豫不决造成不安定的心态。大部分人缺乏果断决策和持之以恒的意志力。

一旦下了决心，采取了明确的行动，我们就不会为面临的情况而忧虑。有一次，我会见了一个在两小时后即将接受死刑的人。这个死刑犯是和他一同关在死牢的8个人中最平静的一个。他的平静不由得让我问他，知道自己不久将面对死亡是什么样的感受。他带着自信的微笑告诉我："感觉好极了。试想，兄弟，我的困扰马上就要结束了。为了衣食而奔波真的很辛苦，很快我就不需要这些东西了。自从确知必死时，我就感觉如释重负，那时我就决定要愉快地接受它。"

说话的同时，他吃了足够三个人吃的晚餐，一口都不剩，而且吃得很香甜，好像根本没有任何灾难摆在面前一样。决心让这个人平静地与生命告别，决心也可以让一个人拒绝接受逆境。

6种基本恐惧会通过犹豫不决转化为忧虑。如果承认死亡是不可避免的，就能使自己永远免于死亡的恐惧；如果下决心无忧无虑地靠所得的财富生活，就能消除对贫穷的恐惧；如果决心不在意他人的想法、做法或说法，就可以战胜对批评的恐惧；如果下决心不再视衰老为障碍，而将其视为会带来年轻时所没有的智慧、自制和领悟的一大幸事，就可以消除对衰老的恐惧；如果下决心忘掉病症，就可以免除对病痛的恐惧；如果下决心在必要时过没有爱的生活，就可以控制对失去爱的恐惧。

只要下决心，认识到生活中其实没有一样东西值得付出忧虑的代价，就能消除忧虑的习惯。有了这种决心，就能产生内心的镇定与平静，带来幸福的平和心态。

心中充满恐惧的人不仅会毁了表现自我的机会，还会将这些破坏性震波传给接触他的人，同时也会毁了他们的未来。

主人缺乏勇气时，就连他的狗或马也能感觉到。狗或马能接够收到主人传达出来的恐惧震波，而且会表现出同样的情绪。此外，智力水平较低的动物，也有接收恐惧震波的能力。

破坏性思考的害处

恐惧的震波会从一个人传给另一个人，传播的速度就像人的声音从广播站传到收音机一样。

口头表达消极或破坏性思想的人几乎肯定会得到那些破坏性言语的“反作用”。单纯的破坏性意念冲动，如果没有经过言语的表达，也会以不止一种方式产生“反作用”。首先，而且或许也是最该记住的一点是，释放出破坏性意念的人一定会因创造型想象力的破坏而遭受损失。其次，心中出现破坏性情绪会导致憎恨别人，并将他们视为敌手。喜欢或释放消极思想的第三个伤害来源是，这些意念冲动不只对他人有害，也会蕴藏在自己的潜意识中，并在潜意识中成为人格的一部分。

假设你的生活目标就是要获得成功。要成功，就必须有平和的心态。满足物质需要最重要的目标就是得到幸福。成功的所有这些迹象都始于意念冲动的形式。

你可以控制自己的意志，有权在其中注入自己选择的任何意念冲动。你有这种特权，也有责任以建设性方式使用它。**你有能力控制自己的意志，也一定能掌握自己的命运。**你可以影响、指引并最终控制自己的环境，创造自己想要的人生——你也可能忽视了这种特权的使用，因此将自己置身于广阔的境遇的海洋，而你自身就像海浪中的小木屑，随波逐流，漂无定所。

魔鬼的工作室

除了6种基本恐惧之外，还有一种使人深受其苦的负面力量，它为失败的种子提供了茁壮成长的沃土。它的存在非常微妙，以致人们经常察觉不出它的存在。这种痛苦无法适当地归类为某种恐惧。与其他恐惧相比，这种恐惧隐藏得更深而且更致命。因为想不出更好的名称，我们姑且称它为“对消极影响的易感性”。

成为巨富的人总是使自己避开这种负面力量，而贫穷者则从未做到这一点。任何行业中想取得成功的人都必须随时准备抗拒这种力量。假如你为了致富而读本哲学，就应该仔细审视自己，衡量自己是否易于感染消极影响。如果你忽视了自我分析，就将丧失实现欲望目标的权利。

分析要彻底。读过自我分析的问题后，仔细考虑自己的答案。做这项工作时要非常谨慎，就好像要找出一个敌人，但是这个敌人正埋伏着伺机攻击你的缺点。

你可以很容易地免受公路强盗的袭击，因为法律提供有组织的合作以保障你的利益，但“这第7种负面力量”更难控制，因为它总在你丝毫未察觉的情况下袭击你，无论你在熟睡还是清醒时。此外，它有无形的武器，因为它纯粹是一种状态。这种负面力量之所以是危险的，还因为它会以众多不同的方式发动攻击。有时候，它会通过亲人善意的话语进入你的心中，有些时候则会通过你自己的态度进入心中。它就像毒药一样致命。

如何防御消极影响

要对抗消极影响，无论这种影响是自己造成的，还是周围消极情绪者的行为导致的。要知道自己有意志力，并经常使用它，直到在你心中筑起一道对抗消极影响的免疫围墙。

要知道，你和其他人一样，在天性上都是懒惰、冷漠，易于接受与自己弱点一致的暗示。

要知道，人在天性上容易受6种恐惧的影响，并形成想要对抗这些恐惧的习惯。

你也要知道，消极影响经常会通过潜意识对人起作用，因此很难察觉，还会使人紧闭心门，以对抗所有以任何方式打击或挫伤你的人。

清理你的药箱，丢掉药瓶，别再考虑感冒、疼痛、不适和想象中的疾病。

刻意与那些能从正面影响你、让你为自己思考和行动的人为伴。

别怕麻烦和困难，因为它们常常不会让你失望。

无疑，人类最普遍的弱点，是习惯于敞开心灵接受他人的消极影响。这项弱点非常危险，因为大部分人感受不到自己受到的伤害，而许多体会到它的人则忽略或拒绝纠正这个问题，直到它最终成为日常习惯中不可控制的一部分。

为了帮助那些希望看到真正自我的人，我准备了一份问卷。阅读这些问题，然后大声说出答案，听到自己的声音，这样会让你更易于信任自己。

自我分析问卷

1. 你经常抱怨“不舒服”吗？如果是，原因何在？
2. 你会为小事指责别人吗？
3. 你经常在工作上出错吗？如果是，为什么？
4. 你的言语尖刻、伤人吗？
5. 你是否刻意避免与人交流？如果是，为什么？
6. 你经常消化不良吗？如果是，原因何在？
7. 你是否认为生活无聊无益、未来无望？

8. 你喜欢自己的工作吗？如果不喜欢，为什么？

9. 你经常怜惜自己吗？如果是，为什么？

10. 你忌妒那些比你优越的人吗？

11. 你会花更多时间考虑成功还是失败？

12. 随着年龄增大，你是越来越自信还是越来越不自信？

13. 你从错误中吸取过宝贵的教训吗？

14. 某位亲人或熟人正令你担忧吗？如果是，为什么？

15. 你是否有时会“心不在焉”，有时又陷入失意的深渊？

16. 谁对你最具有激励作用？原因何在？

17. 你能容忍本来可以避免的消极影响吗？

18. 你是否不在意个人外表？如果是，何时、为何不在意？

19. 你学会忙忙碌碌，以“淹没困难”从而摆脱其干扰了吗？

20. 假如让别人来代你思考，你会称自己为“没骨气的弱者”吗？

21. 你是否忽视了内心的净化，导致自身中毒，变得暴躁易怒？

22. 有多少本来可以预防的干扰令你苦恼？为何你要容忍它们？

23. 你借助酒精、药品或香烟来安神吗？如果是，为何不借助意志力呢？

24. 有人对你“唠叨不休”吗？如果有，为什么？

25. 你有明确的人生目标吗？如果有，是什么？你用什么计划来实现这个目标？

26. 你有6种恐惧中的某吗？如果有，是哪些？

27. 你有抵御他人消极影响的方法吗？

28. 你刻意用自我暗示来激发积极心态吗？

29. 你最看重的是什么，是物质财富，还是控制自己意志的权力？

30. 你是否易受他人影响，结果违背了自己的判断力？

31. 今天你的知识宝库或心态添加过任何有价值的东西吗？

32. 你是客观地面对使你不快乐的环境，还是逃避责任？

33. 你是分析所有的错误和失败以从中受益，还是推诿责任？

34. 你能说出三种自己最大的弱点吗？你打算如何弥补？

35. 你是否因同情而助长他人将忧虑传染给你？

36. 你是否从日常体验中选择对提高自我有帮助的经验教训或影响？

37. 你的表现通常给他人带来消极影响吗？

38. 你最讨厌别人的什么习惯？

39. 你会有自己的主见，还是会让他人影响你？

40. 你是否已经学会营造一种心态，以抵御所有令人气馁的影响力？

41. 你的工作能激发你的信心和希望吗？

42. 你是否意识到自己有足够的精神力量，而使内心免受各种形式的恐惧？

43. 你的信仰能帮助你保持积极的精神状态吗?

44. 你认为有责任分担他人的忧虑吗?如果有,为什么?

45. 假如你相信“物以类聚,人以群分”,那么通过分析你的朋友,你对自己有何认识?

46. 你和与你交往最密切的人是一种什么关系?这种关系有可能造成任何不愉快吗?

47. 你视为朋友的人是否可能实际上是你最大的敌人,因为他对你带来了消极负面的影响?

48. 你用什么原则判断谁对你有益,谁对你有害?

49. 在一天24小时中,你花多少时间在以下的事情上:

- 工作
- 睡眠
- 娱乐与休闲
- 获取有用知识
- 无所事事

50. 你的朋友中谁——

- 最能激励你?
- 最能提醒你?
- 最能挫伤你?

51. 你最忧虑的事情是什么?为何要容忍它?

52. 当别人主动提供免费建议时,你会毫无疑问地接受,还是会分析其动机?

53. 你最渴望的东西是什么?你打算获得它吗?你愿意为它而压抑其他欲望吗?为了得到它,你每天投入多少时间?

54. 你经常改变主意吗？如果是，为什么？

55. 你做事通常都能善始善终吗？

56. 你是否容易对他人的事业或职业头衔、学位或财富而心生敬意？

57. 你容易受他人对你的评价所影响吗？

58. 你会因为别人的社会或经济地位而迎合他们吗？

59. 你认为谁是当今最伟大的人？这个人在哪方面比你出众？

60. 你花了多少时间研究与回答这些问题？（分析和回答全部的问题至少需要一天的时间。）

假如你已经如实回答了所有问题，那你就比大多数人更了解自己。仔细研究这些问题，每周回顾一次，如此坚持数月。只要如实回答这些问题，你就会惊讶地发现，这么简单的方法就能获得极其珍贵的自我认识。假如对其中一些问题的答案模棱两可，就请教一下了解你尤其是对你没有奉承动机的人，从他们的眼睛中看自己。这将是一种令人意外的体验。

你唯一能掌控的东西

你能掌控的只有一样东西，那就是你的意念。在人类已知的事项中，这是最具意义和鼓舞力量的，它反映了人类享有的神圣特权，这项神圣的特权是你控制自己命运的唯一途径。如果无法掌握自己的意志，那你一定也无法控制任何其他事物。假如你一定要轻率地处理属于自己的东西，希望它只是物质上的东西。意志是你的精神财富！要小心呵护和使用这笔上天赐予你的财富。

为此，上天还赋予了你意志力。

不过，法律并不制裁那些以消极暗示来毒害他人心灵的人，无论这样做是有意还是无心。这种破坏行为其实应该受到法律的严惩，因为它经常可以破坏个人获得合法物质财富的机会。

有消极思想的人曾企图使爱迪生相信自己造不出可以录制和播放声音的机器，他们说，“没有人制造过类似的机器”。爱迪生不相信他们，他知道“人可以创造出任何他能想象出来的东西”，正是这种认知，使爱迪生的智慧高于常人。

有消极思想的人也曾告诉伍尔沃斯，如果他想经营一家零售商店，一定会破产的。他不信他们的话。他知道，假如以信心支撑自己的计划，他有能力做成任何事情。他运用自己的权力，摒弃他人的消极暗示，结果成了亿万富翁。

福特在底特律的街道上试验他制造的雏形车时，心存怀疑的人轻蔑地嘲笑他。有些人说，这种东西绝不实用。有些人则说，没人会花钱买这种玩意儿。福特说：“我一定要造出实用的汽车。”他做到了！追求巨额财富的人要记住一点，福特和多数人之间最大的不同是：福特有很强的意志力，而且他能控制自己的意志。

意志控制是自律和习惯的结果。如果你不控制自己的意志，它就会控制你。控制意志最实际的办法就是让它保持忙碌，让它为了既定目标而忙于付诸行动计划。研究一下成功人士的经历，你就会注意到，他们掌握了自己的意志，此外他们还应用这种控制力，并引导它实现明确的目标。没有这种控制力，就不可能成功。

55种常用的“假如”托词

不成功的人有一个显著的共性：他们知道所有失败的原因，

而且也都有自认为无懈可击的托词来为失败辩解。

这些托词有些很聪明，有些则有事实可供验证。但托词不能当作金钱来用。世人只想知道一件事——你成功了吗？

一位个性分析家曾编了一份最常为人使用的托词。看这份清单时，认真反省自己，找出里面有多少项曾被你所用。还要记住，本书提出的哲学将使每一种托词失去用武之地。

1. 假如我没有成家……
2. 假如我有足够的能力……
3. 假如我有钱……
4. 假如我受过良好教育……
5. 假如我能找到工作……
6. 假如我身体健康……
7. 假如我有时间……
8. 假如赶上好时代……
9. 假如别人能理解我……
10. 假如周围的情况不是这样的……
11. 假如能重活一遍……
12. 假如我不在乎“他们”怎么说……
13. 假如过去我能有机会……
14. 假如现在我能有机会……
15. 假如他人没有对我“怀恨在心”……
16. 假如没有什么能阻碍我……
17. 假如我能更年轻……
18. 假如我可以做自己想做的事……
19. 假如我生来富有……

20. 假如我能遇到“贵人”……
21. 假如我具有别人的才能……
22. 假如我敢维护自己的权利……
23. 假如我抓住了过去的机会……
24. 假如没有人刺激我……
25. 假如我不用料理家务、照顾孩子……
26. 假如我可以存点儿钱……
27. 假如老板赏识我……
28. 假如有人能帮我……
29. 假如家人理解我……
30. 假如我住在大都市……
31. 假如我现在就能开始……
32. 假如我有空……
33. 假如我有某人的个性……
34. 假如我不这么胖……
35. 假如别人知道我的才能……
36. 假如我有“运气”……
37. 假如我能摆脱债务……
38. 假如我没有失败……
39. 假如我知道怎么做……
40. 假如没有人反对我……
41. 假如我没有这么多烦恼……
42. 假如我嫁（娶）对人……
43. 假如人们不这么笨……
44. 假如家人不这么奢侈……
45. 假如我对自己有信心……

46. 假如我不是时运不济……
47. 假如我不是生来命运不佳……
48. 假如事情该怎样就怎样……
49. 假如我不用这么辛苦地工作……
50. 假如我没有损失钱财……
51. 假如我住在另一个社区……
52. 假如我没有“过去”……
53. 假如我有自己的事业……
54. 假如他人肯听我说……
55. 假如……这是所有假如中最重要的一个……

假如我有勇气面对自我，就能找出自己的毛病，并加以改正，那么我就可能有机会从错误中受益，并从他人的经验中学到一些教训，因为我知道自己有些毛病。假如我曾经多花些时间分析自己的弱点，少花些时间寻找托词来掩饰自己的弱点，那么现在早就达到理想的个人境界了。

寻找托词并以它来为失败辩护，这是所有的人都乐此不疲的习惯。这个习惯自古有之，而且是成功的致命障碍！那为何人们还要死守着这些托词呢？答案很明显。他们守护着自己的托词，因为这些托词正是他们自己创造的！一个人的托词就是他自己想象力的产物，而保护自己思想的产物（就像保护自己的孩子）是人类的天性。

编造托词是个根深蒂固的习惯。习惯是很难破除的，尤其当它们为我们的行为提供辩护时更是如此。“最大的胜利是战胜自我。被自我征服则是最耻辱和最不可救药的。”当柏拉图说这番话时，他已经明白了这一真理。

另一位哲学家也有同样的见解。他说："我在别人身上看到的大部分丑恶，竟只是我自己本性的反射，这让我惊讶不已。"

"我实在百思不得其解，"艾伯特·哈伯德说，"为何人们要花这么多时间刻意制造托词、掩饰弱点来愚弄自己？假如把时间用在别处，同样的时间足以用来克服弱点，这样，也就不需要托词了。"

这本书读完前，我要提醒你："**生命就像一盘棋，你的对手就是时间**。假如你举棋不定或棋风懒散，你的棋子将被时间吃掉，因为时间对手不会容忍你的犹豫不决。"

以前你可能有合理的借口，为没有强迫生活给予你要求的每样东西辩护，但现在那个托词已毫无用处，因为你已经掌握了开启人生财富之门的金钥匙。

这是一把无形的金钥匙，但它的力量强大，它就是在你心中创造强烈的欲望、给你获得财富的权力。使用这把钥匙不会受罚，不使用它则需付出代价。代价就是失败。假如你使用这把钥匙，就会得到惊人的回报。这个回报就是满足感，而这种**满足感属于那些征服自我，向生活索取回报的人**。

这种回报值得你为之努力。

爱默生曾说："假如有缘，我们就会相遇。"最后，让我借用他的思想说："假如有缘，通过本书，我们已经相遇。"

策划出品　中信出版 · 财经分社
策划编辑　王 颖　李思丹　责任编辑　李思丹　营销编辑　刘畅
责任印制　刘新蓉　装帧设计　水玉银文化 syyart@163.com

出版发行　中信出版集团股份有限公司
服务热线：400-600-8099　网上订购：zxcbs.tmall.com
官方微博：weibo.com/citicpub　官方微信：中信出版集团
官方网站：www.press.citic